AF471607

1. Auflage 1985
2. Auflage 1991

Dieser Studientext ist selbständiger Bestandteil einer Fortbildungsreihe, die auf dem Konzept des DIHT zur Fortbildung zum Fachkaufmann für Einkauf/Materialwirtschaft beruht.

© Springer Fachmedien Wiesbaden 1991
Ursprünglich erschienen bei Betriebswirtschaftlicher Verlag Dr. Th. Gabler GmbH, Wiesbaden 1991

Lektorat: Dipl-Kfm.Bärbel Petry
Satz: SATZPUNKT Ewert, Braunschweig

Das Werk einschließlich aller seiner Teile ist urheberrechtlich geschützt. Jede Verwertung außerhalb der engen Grenzen des Urheberrechtsgesetzes ist ohne Zustimmung des Verlages unzulässig und strafbar. Das gilt insbesondere für Vervielfältigungen, Übersetzungen, Mikroverfilmung und die Einspeicherung und Verarbeitung in elektronischen Systemen.

ISBN 978-3-409-02636-9 ISBN 978-3-663-14867-8 (eBook)
DOI 10.1007/978-3-663-14867-8

Wertanalyse

Von

Professor Dr. Franz Heege

Inhaltsverzeichnis

A. Einleitung: Entstehung und Wesen der Wertanalyse

Lernziele:

- Sie wissen, wann und aus welchem Anlaß die Wertanalyse entstanden ist.
- Sie können erkennen, welche Möglichkeiten der Kostensenkung, der Qualitätsverbesserung und der Gewinnsteigerung durch den Einsatz der Wertanalyse gegeben sind.
- Sie kennen die Wertanalyse als eine Rationalisierungsmethode besonderer Art.
- Sie sind in der Lage, zwischen Produkt-Wertanalyse und Konzept-Wertanalyse zu unterscheiden.

I. Die Entstehung der Wertanalyse

Der Grundgedanke der Wertanalyse entstand vermutlich kurz nach Beendigung des Zweiten Weltkrieges in den USA. Als Begründer der Wertanalyse gilt der damalige Einkaufsleiter der General Electric Company (USA), Lawrence D. Miles, der zur Entwicklung dieser neuen Methode durch Erfahrungen angeregt wurde, die man während des Zweiten Weltkrieges beim Einsatz von Ersatzstoffen anstelle knapper Materialien gemacht hatte. Es hatte sich nämlich damals herausgestellt, daß der infolge Materialmangels erzwungene Einsatz von Ersatzstoffen keineswegs auch immer zu einer schlechteren Qualität der Endprodukte führte als die Verwendung herkömmlicher Fertigungsstoffe. In vielen Fällen waren die Austauschmaterialien den bislang verwendeten Werkstoffen in kostenmäßiger und qualitativer Hinsicht sogar überlegen. Es gab also offensichtlich viel mehr Möglichkeiten der Materialauswahl, viel mehr Alternativen bei der Konstruktion eines Erzeugnisses oder bei den Produktionsverfahren, als man bislang unterstellt hatte und als man mit den üblichen Rationalisierungsverfahren in Erfahrung bringen konnte.

Miles gelang es damals, eine Methode zu entwickeln, mit deren Hilfe man neue Möglichkeiten der Kostensenkung und der Qualitätsverbesserung systematisch suchen und erkennen konnte. Er nannte diese Methode „Value Analysis". Die im deutschen Sprachgebrauch verwendete Bezeichnung „Wertanalyse" ist eine wörtliche Übersetzung dieses amerikanischen Ausdrucks.

II. Die Besonderheiten der Wertanalyse

Die Wertanalyse hat sich inzwischen zu einem hervorragenden Instrument betrieblicher Rationalisierung und Produktverbesserung entwickelt. Sie versucht, ausgehend von einer systematischen Analyse der Funktionen und der Kosten eines Erzeugnisses,

- für die erforderlichen Funktionen des Untersuchungsobjektes kostengünstigere Lösungen zu finden,
- unnötige Funktionen eines Produktes zu eliminieren und/oder
- die Funktionspalette eines Erzeugnisses zu erweitern, falls hierdurch eine Steigerung des Unternehmensgewinns zu erreichen ist.

Die Wertanalyse macht keineswegs die konventionellen Methoden der Rationalisierung überflüssig, sondern muß als eine sehr wirksame, auf vielfältige Probleme anwendbare zusätzliche Methode der Kostensenkung und Produktverbesserung bezeichnet werden. Sie weist die folgenden charakteristischen Merkmale auf:

- **Die funktionsorientierte Denk- und Betrachtungsweise**

  Während konventionelle Rationalisierungsverfahren das bestehende Objekt in den Vordergrund der Untersuchung stellen, geht die Wertanalyse von der Funktion eines Produktes aus. Sie abstrahiert durch die Funktionsbetrachtung vom eigentlichen Objekt, dadurch erweitert sich das Blickfeld, und man kann zu Lösungsmöglichkeiten kommen, die ohne die funktionsorientierte Betrachtungsweise nicht erkennbar werden.

- **Das systematische Vorgehen nach einem Arbeitsplan**

  Man versucht in der Wertanalyse, in verschiedenen genau festgelegten und in ihrer zeitlichen Reihenfolge zweckmäßig aufeinander abgestimmten Schritten zu einer Problemlösung zu gelangen. Diese Systematik des Vorgehens ist wohl auch mit ein Grund für die mit der Wertanalyse erzielten Erfolge.

- **Die organisierte Teamarbeit und die Koordinierung der unterschiedlichen Abteilungsinteressen**

  Die Wertanalyse will durch die Einführung der Teamarbeit sicherstellen, daß die verschiedenen Unternehmensbereiche, die mit dem Untersuchungsobjekt in Berührung stehen, an der Aufgabenlösung mitwirken und daß das in den verschiedenen betrieblichen Teilbereichen vorhandene Potential an Erfahrungen, Wissen und Ideen optimal genutzt wird. Die Teamarbeit kann dazu beitragen, daß unvernünftigen Ressortegoismen oder den Egoismen einzelner Führungskräfte im Interesse des Gesamtgewinns einer Unternehmung entgegengewirkt wird.

- **Die Anwendung von Techniken der Ideenfindung**

  Durch den Einsatz derartiger Techniken soll erreicht werden, daß das Wertanalyseteam zu einem gegebenen Problem möglichst viele Lösungsideen entwickelt.

- **Die Anwendungsneutralität**

  Diese Anwendungsneutralität bezieht sich zunächst einmal auf die möglichen Wertanalyse-Objekte: Wertanalytische Untersuchungen lassen sich sowohl auf Erzeugnisse (zum Beispiel

Teile, Baugruppen, Investitionsgüter) als auch auf Dienstleistungen (zum Beispiel Transporte) und Verfahren (zum Beispiel in der Produktion) anwenden. Im Rahmen dieses Studientextes soll jedoch vorwiegend die Wertanalyse an Produkten behandelt werden.

Sodann kann diese Methode auf die Erreichung unterschiedlicher Ziele ausgerichtet sein. Als derartige Ziele, die mit Hilfe der Wertanalyse realisiert werden können, sollen hier beispielshaft genannt werden: Kostensenkung, Qualitätsverbesserung, Beseitigung von Versorgungsengpässen, Reduzierung von Umweltschäden oder Humanisierung des Arbeitsplatzes.

Wertanalyse basiert also auf einer umfassenden Untersuchung der Funktionen eines Wertanalyse-Objektes und stellt eine – in der Regel von einem Team durchgeführte – systematische Suche nach besseren Lösungen für die als notwendig anerkannten Funktionen dar.

III. Die Begriffe „value analysis" und „value engineering"

Ausgehend von entsprechenden Unterscheidungen in der US-amerikanischen Literatur hat sich auch in Deutschland die Einteilung der Wertanalyse in **value analysis** (Wertverbesserung oder **Produkt-Wertanalyse**) einerseits und in **value engineering** (Wertgestaltung oder **Konzept-Wertanalyse**) andererseits durchgesetzt. Unter value analysis versteht man dabei die wertanalytischen Untersuchungen an Erzeugnissen, die sich schon in der laufenden Fertigung befinden, während bei value engineering ein neu zu gestaltendes Produkt bereits in der Konzeptions- und Planungsphase wertanalytisch behandelt wird. Überlegungen wertanalytischer Art werden also einmal angewendet, um die bei der Herstellung eines Erzeugnisses anfallenden Kosten zu senken, und zum anderen, um die Entstehung von vermeidbaren Kosten von vornherein zu verhindern.

In der Regel ist value analysis leichter durchzuführen als value engineering. Das liegt daran, daß bei bereits in der Produktion befindlichen Erzeugnissen konkrete Kostengrößen vorliegen, vorhandene Schwachstellen deutlicher sichtbar und Schwierigkeiten und Probleme anschaulicher werden als bei noch in der Entwicklung befindlichen Gütern. Ein wesentlicher Nachteil der Produkt-Wertanalyse im Vergleich zur Konzept-Wertanalyse besteht allerdings darin, daß Verbesserungsvorschläge auf dem Gebiete der value analysis im allgemeinen mit bestimmten Änderungskosten in der Fertigung verbunden sind, die selbstverständlich bei der Überprüfung der Rentabilität des betreffenden wertanalytischen Vorschlags zu berücksichtigen sind. Im Hinblick auf mögliche Änderungskosten von Verbesserungsvorschlägen sollten wertanalytische Überlegungen möglichst früh im Entwicklungsstadium eines Produkts einsetzen. Denn wenn einmal Vorrichtungen oder Werkzeuge zur Realisierung einer bestimmten Produktkonzeption angeschafft worden sind und wenn der Fertigungsprozeß im einzelnen festgelegt ist, dann können die durch einen nachträglichen wertanalytischen Vorschlag entstehenden Änderungskosten bereits beträchtlich sein.

Aufgaben zur Selbstüberprüfung:

1. Wer ist der Begründer der Wertanalyse, und wodurch wurde er zur Entwicklung dieser neuen Methode angeregt?
2. Was ist Wertanalyse? Welche der aufgeführten Beschreibungen sind richtig?

   Bei der Wertanalyse handelt es sich um:

   a) eine Methode, mit deren Hilfe der Wert einer gesamten Unternehmung ermittelt wird.

   b) ein neuartiges Verfahren, mit dessen Hilfe der Wertekreislauf und Zahlungsstrom in einer Unternehmung untersucht wird.

   c) ein Verfahren, mit dessen Hilfe alternative Lösungen für ein Problem gesucht werden.

   d) ein Rationalisierungsverfahren, mit dessen Hilfe Ressortschranken abgebaut werden sollen.

   c) eine Methode, mit deren Hilfe der Einkäufer sich eine Vorstellung von der Höhe der Kosten eines einzukaufenden Artikels verschafft.

   f) eine Methode, die Ideenfindungstechniken anwendet.

   g) ein Verfahren zur Ermittlung der betrieblichen Wertschöpfung.
3. Welche Besonderheiten weist die Wertanalyse gegenüber herkömmlichen Rationalisierungsmethoden auf?
4. Man sagt, daß man Wertanalyse in einem Team durchführen soll. Warum?
5. Was ist der Unterschied zwischen Produkt- und Konzept – Wertanalyse, und worin bestehen wesentliche Nachteile der Produkt – Wertanalyse im Vergleich zur Konzept-Wertanalyse?
6. Nennen Sie mögliche Änderungskosten, die aufgrund von Verbesserungsvorschlägen im Rahmen der Produkt-Wertanalyse entstehen können!

B. Die funktionsorientierte Denk- und Betrachtungsweise

Lernziele:

- Sie können erkennen, was in der Wertanalyse unter einer Funktion verstanden wird.
- Sie sind in der Lage, die Funktionen eines Gegenstandes eindeutig und umfassend zu beschreiben.
- Sie können verschiedene Arten von Funktionen unterscheiden.
- Sie können erkennen, daß zwischen den Funktionen einzelner Teile und Baugruppen, aus denen sich ein Gegenstand zusammensetzt, eine wechselseitige Abhängigkeit besteht.
- Sie können beurteilen, aus welchen Gründen das Denken in Funktionen für die Wertanalyse von großer Wichtigkeit ist.

I. Der Funktionsbegriff

Ein Wesensmerkmal der Wertanalyse ist das Denken in Funktionen. Unter einer Funktion versteht man im Rahmen der Wertanalyse die Wirkungen (Aufgaben, Tätigkeiten) eines Objektes. Produkte werden in der Wertanalyse als Träger von Funktionen angesehen.

Für die praktische Arbeit auf dem Gebiet der Wertanalyse ist es nun erforderlich, daß die Funktionen eines zu untersuchenden Erzeugnisses bestimmt und beschrieben werden. Die Kennzeichnung der Funktion eines Objektes sollte sehr knapp, aber gleichzeitig möglichst zutreffend und umfassend sein. In den meisten Fällen wird man mit Hilfe eines Substantivs und eines Verbs die Funktionen eines Produktes wiedergeben können, wie die folgenden Beispiele verdeutlichen:

Wertanalyse-Objekt	Funktion
Filter	Schmutz zurückhalten
Uhr	Zeit anzeigen
Kugelschreiber	Striche ziehen
Glühlampe	Licht abgeben
Druckbehälter	Preßluft speichern
Benzinfeuerzeug	Flamme erzeugen
Säge	Holz trennen

Die Funktionsbeschreibung ist also nicht lediglich eine genaue Definition eines Wertanalyse-Objektes, sondern sie kann nur im Hinblick auf den Verwendungszweck des Objektes erfolgen. Dabei wird man einem Produkt in der Regel mehrere unterschiedliche Funktionen zuordnen müssen. Um zu eindeutigen und klaren Funktionsangaben für ein Produkt zu gelangen, hat sich die Beantwortung von Fragen, die sich mit den eigentlichen Aufgaben bzw. Wirkungen eines Wertanalyse-Objektes auseinandersetzen, als zweckmäßig und hilfreich erwiesen. Derartige Fragen lauten etwa:

- Was macht das Wertanalyse-Objekt?
- Warum macht der Gegenstand das?
- Wozu wird das Objekt benötigt?
- Wozu kann man den Gegenstand verwenden?
- Worum geht es hier eigentlich?

Bei der Funktionsbeschreibung sollte ferner darauf geachtet werden, daß das gewählte Substantiv nach Möglichkeit quantifizierbar ist und meßtechnisch erfaßt werden kann, so daß sich die Funktion genauer spezifizieren läßt. Diese nähere Bestimmung der Funktion erfolgt in der Wertanalyse durch die **funktionellen Anforderungen** oder **funktionsbedingten Eigenschaften.** Sie können sich inhaltlich auf die Leistung eines Objektes (Mindest- und/oder Höchstwerte), auf die Lebensdauer, die Schüttelfestigkeit oder Korrosionsbeständigkeit etc. beziehen und lauten beispielsweise: Tragfähigkeit bis 5 t, Druckfestigkeit bis 60 atü, Leistung bis 70 kWh, Fahrgeschwindigkeit bis 15 km/h. Da durch die Festlegung von funktionsbedingten Eigenschaften die sich anbietenden Lösungsmöglichkeiten stark eingeengt werden können, ist im Rahmen der Wertanalyse genau zu untersuchen, ob vom Verwendungszweck des Artikels her gesehen die aufgestellten funktionellen Anforderungen auch erforderlich und berechtigt sind.

II. Unterteilung der Funktionen

In der Wertanalyse werden die verschiedenen Funktionen, die Produkte erfüllen, nach Funktionsarten und nach der Wichtigkeit der Funktion für den Verwender unterteilt. Das erstgenannte Einteilungskriterium führt zur Unterscheidung zwischen **Gebrauchsfunktion** und **Geltungsfunktion.** Während die Gebrauchsfunktion die technische und wirtschaftliche Verwendung eines Produktes gewährleistet, geht die Geltungsfunktion darüber hinaus und spricht das Geschmacksempfinden, die Prestigevorstellungen des Benutzers sowie seine ästhetische Auffasung an. Beiden Funktionsarten muß in der Wertanalyse gleichermaßen Beachtung geschenkt werden.

Je nach zu untersuchendem Wertanalyse-Objekt überwiegt einmal die Gebrauchsfunktion, ein anderes Mal die Geltungsfunktion. Während bei Investitionsgütern in der Regel die Gebrauchsfunktionen dominierend sind, spielen bei den meisten Konsumgütern sowohl Gebrauchs- als auch Geltungsfunktionen eine große Rolle. Als Beispiel für diejenigen Produkte, die ausschließlich Geschmacks- und Prestigebedürfnisse befriedigen, soll hier der Modeschmuck erwähnt werden. Ob bei einem Erzeugnis die Gebrauchsfunktionen oder Geltungsfunktionen von größerer Wichtigkeit sind, hängt allein von der Einstellung der Verwender zu diesem Gut ab.

Im Hinblick auf die Bedeutung, die der Verwender eines Produktes den Funktionen beimißt, wird in der Wertanalyse zwischen **Hauptfunktionen, Nebenfunktionen** und **unnötigen Funktionen** unterschieden. Die Einteilung der Funktionen eines Erzeugnisses in diese drei Funktionsklassen kann nach folgendem Schema (Abbildung 1) erfolgen.

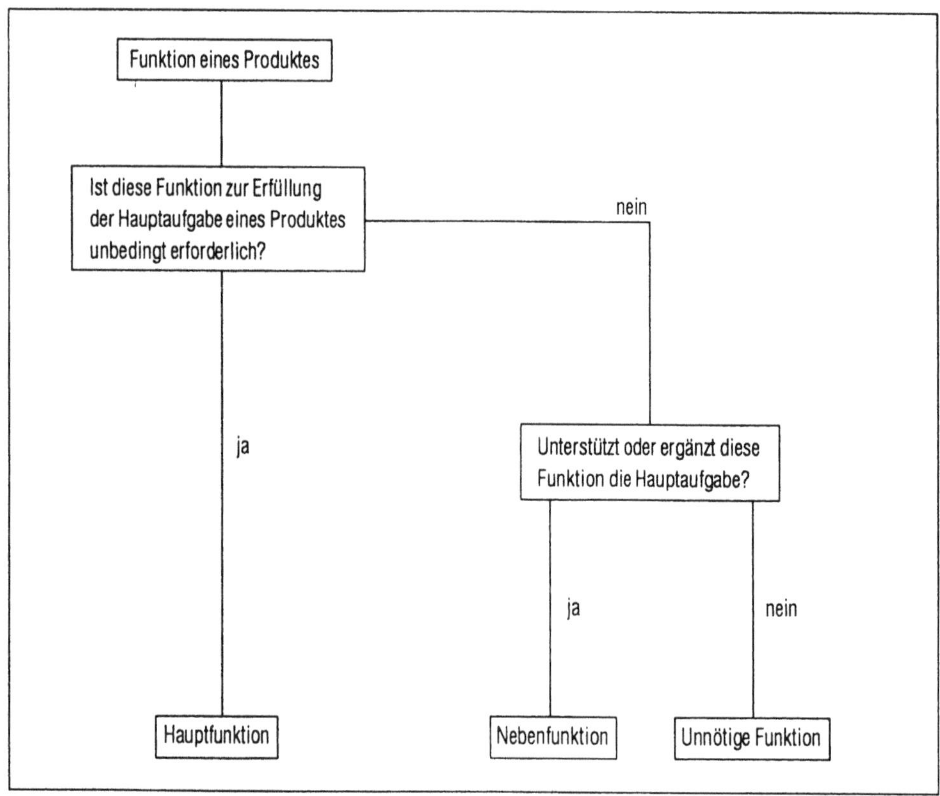

Abbildung 1: Einteilung der Funktionen nach ihrer Bedeutung

Unnötige Funktionen gewähren dem Verwender weder einen Geltungs- noch einen Gebrauchsnutzen und entsprechen nicht den Erfordernissen des Marktes. Sie sollten deshalb – soweit das technisch überhaupt möglich ist – weggelassen werden, um Kosten zu sparen. Die Ursachen für das Entstehen und das Vorhandensein von unnötigen Funktionen bei Produkten sind vielfältiger Art. So können beispielsweise wegen sich wandelnder Bedürfnisstruktur und wegen veränderter Anforderungen des Marktes an ein Produkt Funktionen, welche früher einmal erforderlich waren, überflüssig werden. Vor allem die Geltungsfunktionen eines Produktes unterliegen im Zeitablauf relativ starken Bewertungsschwankungen.

Die Wertanalyse muß auch versuchen, diejenigen Funktionen eines Produktes ausfindig zu machen und zu eliminieren, welche zwar für den Abnehmer und Verwender dieses Erzeugnisses von Nutzen sind, welche jedoch im Vergleich zu den Kosten, die diese Funktionen verursachen, vom Markte nicht genügend honoriert werden. Es handelt sich hier also um Geltungs- oder Gebrauchsfunktionen, deren Vorhandensein in einem Produkt den Gewinn des Herstellers negativ beeinflußt und die deshalb aus dem Produkt herausgelassen werden sollten.

III. Die Funktionsgliederung

In wertanalytischen Untersuchungen sind sowohl für das zu behandelnde Produkt als Ganzes als auch für die einzelnen Baugruppen und Teile, aus denen sich das Erzeugnis zusammensetzt, Funktionen zu ermitteln. Unterzieht man diese unterschiedlichen Funktionen einer genaueren Betrachtung, so stellt sich heraus, daß zwischen ihnen wechselseitige Abhängigkeiten bestehen, die in ihrer bildlichen Darstellung auch als Funktionsgliederung, Funktionsschema oder als Funktionsstruktur eines Erzeugnisses bezeichnet werden. Zur Verdeutlichung dieser Beziehungen zwischen den Funktionen der übergeordneten Erzeugniseinheit und denen der untergeordneten Teileinheiten sei im folgenden die Funktionsgliederung eines Kompressor-Kühlschrankes teilweise skizziert (vgl. Abbildung 2).

Die Beziehung zwischen einer gegebenen Funktionsstufe und der ihr vor- bzw. nachgeschalteten Stufe läßt sich mit Hilfe von Fragestellungen verdeutlichen. So wird etwa die Funktion des Kühlschrankes „Lebensmittel konservieren" ausgeübt, indem Baugruppen mit speziellen Funktionen, wie „Kälte erzeugen", „Kühlgut aufnehmen", „Temperatur regeln", zum Einsatz gelangen. Von der Funktion der übergeordneten Einheit (hier zum Beispiel des Kühlschrankes als Ganzen) kommt man also zu den Funktionen der niedrigeren Stufe mit der Frage: „Wie erfüllt die übergeordnete Einheit ihre Funktion?" Entsprechend ist die Funktion eines bestimmten Erzeugnisteiles mit der nächsthöheren Stufe durch die Frage: „Warum erfüllt dieses Erzeugnisteil diese Funktion?" verbunden. Läßt sich die Frage nach dem Warum nicht beantworten, so wird in den meisten Fällen eine unnötige Funktion vorliegen. Eine derartige Funktionsgliederung ist ganz besonders bei sehr komplexen Untersuchungsobjekten empfehlenswert, weil sie die Übersicht verbessert und funktionale Zusammenhänge erkennen läßt.

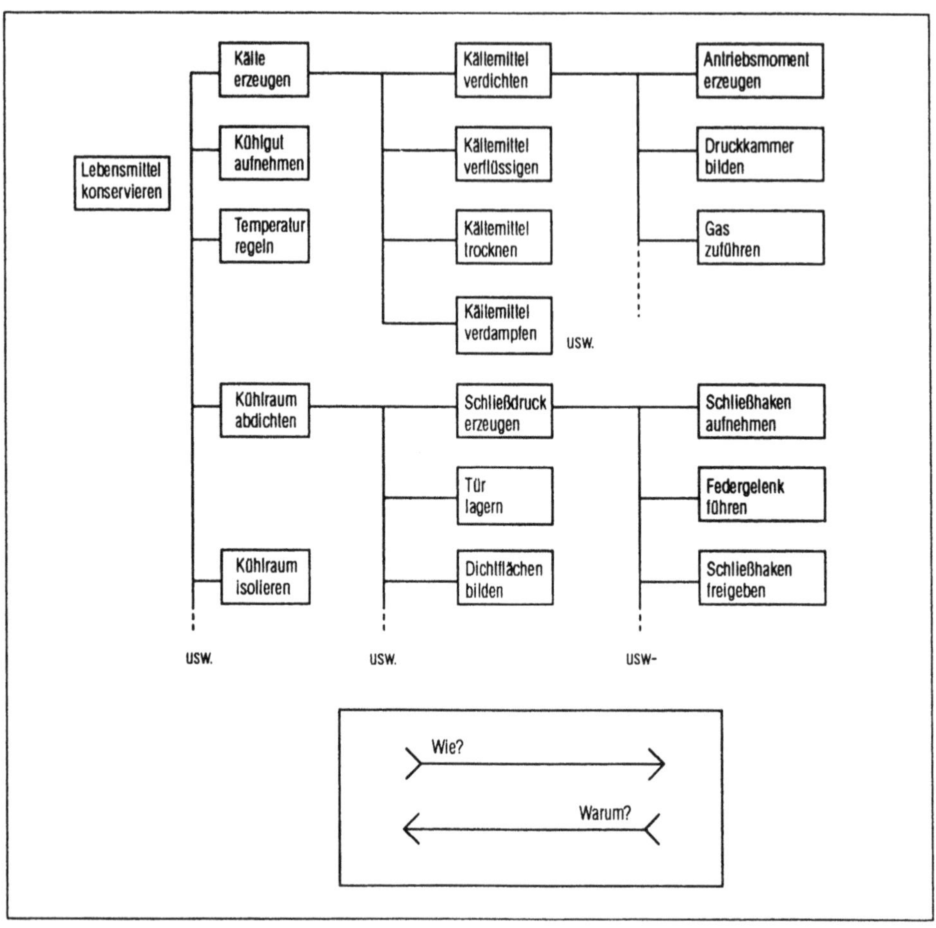

Abbildung 2: Funktionsstruktur eines Kühlschrankes
(P. Baier: Wertgestaltung, München 1969, S. 31)

IV. Die Bedeutung des Denkens in Funktionen

Die funktionsorientierte Denkweise ist vor allem aus folgenden Gründen für die Wertanalyse von wesentlicher Bedeutung:

- Zunächst einmal ist dieses Denken in Funktionen der Tatsache angepaßt, daß ein Kunde ein bestimmtes Endprodukt nur deshalb erwirbt, weil er sich die Funktionen, die dieses Erzeugnis ausübt, nutzbar machen möchte. Insofern kann diese Denkweise dazu beitragen, daß in einer Unternehmung Entscheidungen über die Funktionspalette eines Endproduktes stärker auf die Erfordernisse des Absatzmarktes ausgerichtet werden.

- Sodann erleichtert die Analyse der Funktionen eines Produktes ein Urteil darüber, was an einem Erzeugnis wesentlich, was unwesentlich oder gar überflüssig ist.
- Schließlich ist die funktionsorientierte Denkweise in der Wertanalyse deshalb von Vorteil, weil sie eine Loslösung vom Gegenständlichen ermöglicht, von gewohnten technischen Lösungen und Verfahren, von bestimmten Materialien und Formen abstrahiert und auf diese Weise den Spielraum für das Auffinden von völlig neuen Lösungen erweitert.

Aufgaben zur Selbstüberpüfung:

7. Beschreiben Sie in Stichworten die wichtigste Funktion
   - eines Fensters,
   - einer Krawatte,
   - eines Waschmittels,
   - eines Knopfes,
   - eines Getriebes,
   - eines Tachometers,
   - eines Telefons,
   - eines Seminars.
8. Worin besteht der wesentliche Unterschied zwischen
   - Gebrauchsfunktion und Geltungsfunktion,
   - Haupt-, Neben- und unnötiger Funktion?
9. Machen Sie am Beispiel
   - eines Aschenbechers,
   - eines Kugelschreibers,
   - eines Feuerzeugs

   einige der unter 8. genannten Funktionsbegriffe der Wertanalyse deutlich.
10. Welche Aufgaben erfüllen im Rahmen der Wertanalyse „funktionsbedingte Eigenschaften"? Nennen Sie ein Beispiel für derartige funktionsbedingten Eigenschaften eines bestimmten Produktes!
11. Aus welchen Gründen hält man in der Wertanalyse das Denken in Funktionen für so wichtig?

C. Die Durchführung wertanalytischer Untersuchungen

Lernziele:

Eine Besonderheit der Wertanalyse ist das systematische Vorgehen nach einem festgelegten Arbeitsplan. Der Zweck dieses Kapitels besteht darin, Ihnen die Vorgehensweise der Wertanalytiker im Detail zu erläutern.

- Sie sind mit den einzelnen Phasen der Wertanalyse vertraut.
- Sie sind in der Lage, bei der Auswahl der Objekte, die wertanalytisch untersucht werden sollen, mitzuwirken.
- Sie besitzen Grundkenntnisse über Ideenfindungstechniken und über ihre Anwendung in der Wertanalyse.
- Sie sind in der Lage, in einem Wertanalyseteam mitzuarbeiten.

I. Überblick über den Ablauf einer wertanalytischen Untersuchung

In der Wertanalyse geht man üblicherweise nach einem festgelegten Arbeitsplan vor. Dieser anwendungsneutral gehaltene Arbeitsplan ist von Miles entworfen und von anderen Wertanalytikern modifiziert und weiterentwickelt worden. Heute werden in der deutschsprachigen Literatur über Wertanalyse im allgemeinen sechs verschiedene Grundschritte eines derartigen Arbeitsplans unterschieden; jeder Grundschritt ist seinerseits wieder in Teilschritte unterteilt (vgl. Tabelle 1).

Tabelle 1: Wertanalyse-Arbeitsplan (in Anlehnung an DIN 69 910)

Grund-schritt	Bezeichnung	Teil-schritt	Bezeichnung
1	Vorbereitung	1	Auswahl des Untersuchungsobjektes
		2	Aufgabenformulierung
		3	Bildung der Arbeitsgruppe
		4	Planung des zeitlichen Ablaufs der Untersuchung
2	Ermittlung des Ist-Zustandes	1	Produktbeschreibung
		2	Funktionsbeschreibung
		3	Kostenermittlung
3	Kritik des Ist-Zustandes	1	Kritik der Funktionserfüllung
		2	Kritik der Kosten
4	Ermittlung von Alternativen	1	Suche nach allen vorstellbaren Alternativen
		2	Vorprüfung der gefundenen Alternativen
5	Prüfung der Alternativen	1	Technische Prüfung
		2	Wirtschaftliche Prüfung
6	Auswahl und Realisierung der optimalen Alternative	1	Auswahl der Alternative(n)
		2	Empfehlung an die Geschäftsleitung
		3	Verwirklichen der ausgewählten Lösung

Dieses Vorgehen nach einem Arbeitsplan soll gewährleisten, daß wertanalytische Untersuchungen systematisch und in sinnvoll aufeinander abgestimmten Teilschritten durchgeführt werden und daß wesentliche Punkte nicht vergessen oder übersehen werden. Gleichzeitig soll durch die konsequente Einhaltung der einzelnen Grund- und Teilschritte Leerlauf während des Projektablaufs vermieden und ein verhältnismäßig kurzer Weg zum Auffinden von günstigeren Lösungen eingeschlagen werden.

Zwecks Erfassung und Bearbeitung der in den einzelnen Phasen der Wertanalyse anfallenden Daten, Informationen und Ideen hat man in der Praxis eine Reihe von zweckmäßig gestalteten Formularen entworfen. Diese Hilfsmittel sollen hier nicht im Detail behandelt werden; sie werden in der Literatur über wertanalytische Fragen ausführlich dargestellt (vgl. zum Beispiel Christmann, K.: Gewinnverbesserung durch Wertanalyse, Stuttgart 1973, S. 59 ff.).

II. Die verschiedenen Grundschritte des Wertanalyse-Arbeitsplans

1. Vorbereitung

Bevor in einer Unternehmung mit der eigentlichen wertanalytischen Arbeit begonnen werden kann, muß ein Erzeugnis ausgewählt werden, das wertanalytisch untersucht werden soll, und es müssen konkretere Ziele formuliert werden, die mit Hilfe der Wertanalyse erreicht werden sollen. Ferner ist eine Arbeitsgruppe zu bilden, und schließlich hat die Terminplanung für den Ablauf der einzelnen Grundschritte zu erfolgen.

Bei der **Auswahl der Untersuchungsobjekte** muß darauf geachtet werden, daß die Wertanalyse nach Möglichkeit dort ansetzt, wo voraussichtlich die größten Rationalisierungserfolge zu erwarten sind und daß die Aufwendungen für die wertanalytischen Arbeiten in einem angemessenen Verhältnis zu den erzielbaren Einsparungen stehen. Wenn es auch auf diesem Gebiet keine eindeutigen und allgemeingültigen Auswahlkriterien geben kann, so hat sich doch in der Praxis die Berücksichtigung folgender Tatbestände bei der Selektion bewährt:

- Eine wertanalytische Untersuchung dürfte sich insbesondere bei denjenigen Endprodukten einer Unternehmung lohnen, deren Anteil am Umsatz relativ hoch ist und die voraussichtlich auch noch über einen längeren zukünftigen Zeitraum absetzbar sind.
- In bezug auf die zu beschaffenden Güter in einer Unternehmung liegt es nahe, daß man sich schwerpunktmäßig auf die A-Produkte beschränkt.
- Wenn das Absatzprogramm einer Unternehmung Erzeugnisse enthält, die in die Verlustzone geraten sind oder deren Marktanteil durch das Auftauchen billigerer oder verbesserter Konkurrenzprodukte gefährdet ist, wird man durch den Einsatz der Wertanalyse versuchen können, Schwachstellen und Fehler bei der konstruktiven Gestaltung oder bei der Herstellung dieser unrentablen bzw. wettbewerbsschwachen Artikel ausfindig zu machen und zu beseitigen.
- Beträchtliche Rationalisierungsreserven sind in vielen Fällen auch in Erzeugnissen enthalten, die aus Zeitmangel sehr rasch entwickelt und auf den Markt gebracht worden sind. Ähnliches gilt von Produkten, die in starkem Maße vom technologischen Fortschritt betroffen sind und bei denen in einem längeren Zeitraum keine konstruktiven oder fertigungstechnischen Änderungen vorgenommen worden sind.
- Schließlich wird in der Literatur darauf hingewiesen, daß bei Produkten, die aus einer Vielzahl von Einzelteilen und Baugruppen zusammengesetzt sind, in der Regel mit guten

Ergebnissen beim Einsatz der Wertanalyse gerechnet werden kann. Dabei wird man sich aus ökonomischen Gründen vor allem auf diejenigen Teile konzentrieren, die in der Kostenstruktur des Produktes mit relativ großen Anteilen vertreten sind.

Bei der **Aufgabenformulierung** und der genaueren Festlegung von Rationalisierungsschwerpunkten und -dringlichkeiten (wie zum Beispiel Kostensenkung, Funktionsverbesserung, Produktivitätssteigerung) sind bestimmte Betriebsgegebenheiten und Marktsituationen sowie die übergeordneten Zielsetzungen einer Unternehmung zu beachten.

Wenn das Untersuchungsobjekt feststeht und das Untersuchungsziel formuliert ist, muß eine **Arbeitsgruppe (Wertanalyse-Team)** gebildet werden. In ihr sollten Fachleute aus jenen Betriebsbereichen vertreten sein, die für das zu untersuchende Produkt zuständig sind; die Teammitglieder kommen also vorwiegend aus dem Absatz, der Entwicklung und Fertigung sowie aus der Materialwirtschaft. Falls es die Problemstellung erfordert, können weitere Spezialisten zum Beispiel aus der Qualitätskontrolle, aus der Kostenrechnung oder aus anderen betrieblichen Bereichen zu den Teamsitzungen fallweise oder auch ständig hinzugezogen werden. Die Hereinnahme von Nicht-Fachleuten in das Wertanalyse-Team ist unter bestimmten Voraussetzungen sinnvoll; denn gerade dieser Personenkreis hat bei der Ermittlung von Alternativen den nötigen Abstand zu den bisherigen Lösungen und ist deshalb häufig in der Lage, Lösungsvorschläge mit innovativem Charakter hervorzubringen. Dies gilt jedoch in der Regel nicht für technisch komplizierte Problemstellungen.

Die Arbeiten des Teams werden von einem Teamleiter koordiniert. In der Praxis hat sich für diese Arbeitsgruppe eine Organisationsform bewährt, in der der Wertanalyse-Koordinator hauptamtlich und die übrigen Teammitglieder nebenamtlich ihre Aufgaben wahrnehmen. Wegen der in einem Unternehmen vorhandenen verschiedenen Zuständigkeiten für unterschiedliche Produkte hängt die personelle Zusammensetzung einer Gruppe von dem jeweils zu analysierenden Erzeugnis ab.

Schließlich gehört zu den vorbereitenden Maßnahmen einer wertanalytischen Untersuchung auch die **Planung des zeitlichen Ablaufs** einer derartigen Arbeit. Dadurch wird im einzelnen die Dauer für die Durchführung der verschiedenen Grundschritte festgelegt und es soll nach Möglichkeit von vornherein verhindert werden, daß im Vergleich zum erwarteten Erfolg der zeitliche Aufwand für die Analyse unangemessen hoch wird. Außerdem soll mit Hilfe einer derartigen Planung erreicht werden, daß Schwerpunkte und Engpässe im Arbeitsablauf schon frühzeitig erkannt werden.

Ein Wertanalyseprojekt sollte nicht mehr als zwölf Teamsitzungen erforderlich machen und nicht länger als sechs Monate dauern. Das Gros der Wertanalyseprojekte wird durchschnittlich in einem Zeitraum von drei Monaten abgewickelt und macht im Normalfall sechs bis acht Teamsitzungen erforderlich.

2. Ermittlung des Ist-Zustandes

Der zweite Grundschritt des Wertanalyse-Arbeitsplanes stellt die Informationsphase dar. In ihr erfolgen das Vorstellen des Produktes, die Beschreibung der Funktionen sowie die Ermittlung der Kosten.

Zwecks Erläuterung des Wertanalyse-Objektes sind vollständige, aktuelle und zuverlässige Daten über das Produkt aus allen Unternehmensbereichen zusammenzutragen. Nur auf der Grundlage einer umfassenden und genauen Kenntnis des zu analysierenden Erzeugnisses kann das Team die anschließenden Grundschritte der Wertanalyse durchführen. Benötigt werden zum Beispiel Zeichnungen, Stücklisten, Produktmuster, Fertigungspläne, Ausschußstatistiken, Informationen über Fertigungsverfahren und -einrichtungen, Berichte über Kundenwünsche und Reklamationen, Ergebnisse der Absatzmarktforschung, Qualitäts- und Prüfvorschriften, Übersichten über die fremdbezogenen Teile des Erzeugnisses sowie Informationen über Preise und Bezugsquellen der Fremdteile sowie über Preise möglicher Substitutionsmaterialien. Aber auch Kenntnisse über Konkurrenzprodukte, die als Vergleichsobjekt dienen können, sowie über den letzten Stand des technischen Fortschritts bei der Konstruktion und Fertigung des Untersuchungsobjektes sind für die weiteren Arbeiten des Teams von Bedeutung.

Nachdem alle erforderlichen Daten über das Untersuchungsobjekt zusammengetragen worden sind, müssen die Funktionen des Produktes als Ganzes und der einzelnen Baugruppen und Teile kurz und prägnant beschrieben und nach ihrer Wichtigkeit klassifiziert werden. Außerdem ist nach Geltungs- und Gebrauchsfunktion zu unterscheiden. Im Hinblick auf die funktionsbedingten Eigenschaften ist es zweckmäßig, wenn zwischen unabdingbaren Eigenschaften des Objektes, die zum Beispiel aufgrund von Sicherheitsvorschriften oder von Kundenwünschen festgelegt sind, und solchen Eigenschaften differenziert wird, bei denen dem Team Wahlfreiheiten eingeräumt sind.

Außerdem sind im zweiten Grundschritt der Wertanalyse den Funktionsträgern Kosten zuzuordnen. Auf diese Weise wird deutlich, bei welchen Funktionsträgern eines Wertanalyse-Objekts die Kostenschwerpunkte liegen. Bei der Kostenermittlung ist darauf zu achten, daß nach Möglichkeit nur die jeweils relevanten Kosten den Funktionsträgern zugerechnet werden. Das heißt mit anderen Worten, daß diejenigen Kosten außer Ansatz bleiben müssen, die sich als Folge der Durchführung eines wertanalytischen Vorschlags voraussichtlich nicht ändern werden; was in der Regel auf die fixen Bestandteile der Gemeinkosten zutrifft.

Neben dieser Ermittlung der **Funktionsträgerkosten** spielt in der Wertanalyse auch die Bestimmung der sogenannten **Funktionskosten** eine wichtige Rolle. Darunter versteht man diejenigen Kosten, die durch die Realisierung einer Funktion beim Hersteller entstehen. Bei Erzeugnissen werden derartige Funktionskosten dadurch errechnet, daß die Funktionsträgerkosten – also die Herstellkosten der Teile und Baugruppen – den Funktionen dieser Produkte zugeordnet werden. In der Regel erfolgt die Bestimmung der Funktionskosten mit Hilfe einer **Funktionskosten-Matrix**, die in Tabelle 2 am Beispiel einer Armbanduhr erläutert wird.

Tabelle 2: Funktionskosten-Matrix (am Beispiel einer Armbanduhr)

Funktions-träger	Funktions-träger-kosten	Funktionen der Funktionsträger									
		Zeitintervall erzeugen		Zeit anzeigen		Befestigung ermöglichen		Vor Umwelt schützen		Ansehen verschaffen	
	DM	%	DM	%	DM	%	DM	%	DM	%	DM
Uhrwerk	90	80	72							20	18
Ziffer-blatt mit Zeiger	40			65	26					35	14
Gehäuse mit Glas	450					10	45	50	225	40	180
Armband	120					30	36			70	84
Summe= Funktions-Kosten			72		26		81		225		296

Quelle: In Anlehnung an Christmann, K.: a. a. O., S. 40 sowie Krehl & Partner: Arbeitshandbuch zum Wertanalyse-Grundseminar nach DIN 69 910

Als Ausgangspunkt derartiger Berechnungen müssen die in der ersten Spalte der Tabelle 2 aufgeführten Funktionsträgerkosten angesehen werden. Diese werden nun auf diejenigen Funktionen, an denen der entsprechende Funktionsträger beteiligt ist, verteilt. Schwierigkeiten kann eine derartige Aufteilung dann bereiten, wenn eine Baugruppe (wie zum Beispiel das Gehäuse in Tabelle 2) mehrere Funktionen gleichzeitig ausübt. Wenigstens ist in diesen Fällen eine exakte Ermittlung der Funktionskosten vielfach nicht möglich; denn man wird auf Schätzungen der prozentualen Verteilung der Funktionsträgerkosten angewiesen sein, und die ausgewiesenen Werte für die Funktionskosten deuten dann lediglich auf Größenordnungen hin.

Eine Funktionskosten-Matrix soll den Wertanalytikern Aufschluß darüber geben, ob die einzelne Funktion und die durch sie verursachten Kosten in einem vertretbaren Verhältnis zueinander stehen. Häufig ergibt sich aus einer derartigen Funktionskosten-Analyse, daß gerade für relativ unwichtige Teile bzw. Funktionen vergleichsweise hohe Kosten anfallen.

Die Ermittlung des Ist-Zustandes kann zum großen Teil vom Wertanalyse-Koordinator selbst bzw. von bestimmten Teammitgliedern vorgenommen werden. Die Ergebnisse dieser Bestandsaufnahme und Recherchen müssen sodann allen Teammitgliedern zur Kenntnisnahme vorgelegt werden. Allerdings sollte das Team als Ganzes bei der schwierigen Aufgabe der Ermittlung der Funktionen sowie der Erstellung der Funktionskosten-Matrix eingeschaltet werden und mitwirken.

3. Kritik des Ist-Zustandes

In diesem Grundschritt werden die Ist-Funktionen und die Ist-Kosten einer kritischen Prüfung unterzogen. Die **Funktionskritik** erfolgt dabei, indem die Ist-Funktionen und die funktionsbedingten Eigenschaften mit den Anforderungen der Verwender an das Produkt verglichen werden. Auf diese Weise sollen

- kostenverursachende unnötige Funktionen, wie zum Beispiel übertriebene technische Anforderungen, Überdimensionierungen, überhöhte Toleranzgenauigkeit, zu lange Lebensdauer bestimmter Teile, nicht verlangte Griffe oder überflüssige Lochbohrungen, erkannt werden;
- Schwächen in der Funktionserfüllung erkannt und technische Fehlleistungen von Produkten, die überhöhte Kosten – zum Beispiel in der Montage oder beim Reparaturdienst – zur Folge haben, festgestellt werden;
- diejenigen Funktionen ermittelt werden, die das Untersuchungsobjekt im Ist-Zustand nicht aufweist, die jedoch unbedingt erforderlich erscheinen und deshalb dem Produkt zusätzlich beigefügt werden sollten;
- die bei der Ermittlung des Ist-Zustandes erfolgten Funktions-Definitionen daraufhin überprüft werden, ob sie nicht zu eng auf das Untersuchungsobjekt abgestellt sind und deshalb die Suche nach Alternativlösungen einschränken und erschweren. So mag beispielsweise die Funktion eines bestimmten technischen Aggregates im Ist-Zustand völlig korrekt mit „Material schneiden" beschrieben worden sein. Würde man jedoch bei der Suche nach Alternativen von dieser Funktionsbeschreibung ausgehen, dann könnten die zahlreichen Möglichkeiten, auf andere Weise Material zu trennen, nicht in Betracht gezogen werden. Es ist also zu prüfen, ob die Soll-Funktion dieses Aggregates gegebenenfalls mit „Material trennen" gekennzeichnet werden kann.

Nach der Funktionskritik erfolgte die **Kostenkritik.** Die Teammitglieder versuchen, für das Untersuchungsobjekt ein mit Hilfe der Wertanalyse anzustrebendes Kostenziel zu bilden. Unter dem Kostenziel, das in Literatur und Praxis auch als Wertziel bezeichnet wird, versteht man dabei die niedrigsten Kosten, welche aufzuwenden sind, damit die gewünschte Funktion verläßlich erfüllt werden kann. Dieses Kostenziel kann nach unterschiedlichen Methoden ermittelt werden:

- Wertziele für eine Funktion können aus den günstigeren Kosten für Produkte, die ähnliche Funktionen wie das Untersuchungsobjekt erfüllen, abgeleitet werden. Dieses Verfahren erscheint relativ einfach zu sein, birgt jedoch die Gefahr in sich, daß man sich an Objekten orientiert, deren Funktion zu wenig mit der gewünschten Sollfunktion verwandt ist.
- Für marktgängige Artikel kann man das mit der Wertanalyse anzustrebende Kostenlimit dadurch ermitteln, daß man von den Preisen billiger Konkurrenzfabrikate oder Substitutionsgüter ausgeht.
- In den Fällen, in denen die Geschäftsleitung das Untersuchungsobjekt zu einem bestimmten (niedrigen) Preis auf den Markt bringen möchte, kann das Wertanalyseteam Kostenziele aus diesem festgelegten Preis ableiten.

- Schließlich besteht die Möglichkeit, daß man die Kosten, die eine bestimmte Funktion verursacht, von den einzelnen Teammitgliedern schätzen läßt. Häufig stellt sich dann heraus, daß die vom Team geschätzten Kosten weit unter den effektiv anfallenden Kosten liegen.

Selbstverständlich ist das Wertziel keine exakt errechenbare Größe, sondern lediglich ein Orientierungswert. Gleichwohl sollten die ermittelten Wertziele einigermaßen realistisch sein. Falls Wertziel und Istkosten weit auseinanderklaffen, so kann das bedeuten, daß hier große Möglichkeiten der Kosteneinsparung bestehen. Mit dieser Kostenkritik wird unter anderem auch angestrebt, die Teammitglieder zu Leistungen auf dem Gebiet der Kreativität zu motivieren.

Im übrigen zeigen diese Ausführungen über Funktions- und Kostenkritik, daß die Bestimmung des Sollzustandes zweckmäßigerweise in Teamarbeit erfolgt.

4. Ermittlung von Alternativen

In diesem Grundschritt, der schöpferischen Phase, sollen aufbauend auf den bisher gesammelten Erkenntnissen neue Lösungen im Team entwickelt werden. Als Hilfsmittel kommen dabei bestimmte Methoden der kreativen Ideenfindung zur Anwendung. Bewährt haben sich in der Wertanalyse vor allem Brainstorming, Brainwriting, die morphologische Methode und die Synektik. Die wesentlichen Merkmale dieser verschiedenen Techniken sowie ihre Vor- und Nachteile beim Einsatz in der Wertanalyse sollen im folgenden kurz beschrieben werden.

a) Brainstorming

Das vom amerikanischen Werbeberater A. F. Osborn entwickelte Brainstorming ist wohl die bekannteste Kreativ-Technik. An einer Brainstorming-Sitzung, die nicht länger als eine Stunde dauern sollte, können 5 bis 15 Personen teilnehmen. Sie sollen möglichst spontan ihre Gedanken und Vorschläge zu einem anstehenden Problem äußern und dabei die folgenden vier Grundregeln für ein erfolgreiches Brainstorming beachten:

1. **Eine Kritik an geäußerten Ideen ist während der Sitzung streng untersagt:** Eine (eventuell negative) Bewertung der Vorschläge wird also auf einen späteren Zeitpunkt verschoben.
2. **Es kommt auf die freie Entfaltung der Phantasie an:** Gerade zunächst unsinnig erscheinende Ideen führen vielfach am Schluß zu brauchbaren Lösungen.
3. **Die Quantität der Ideen hat Vorrang vor der Qualität:** Je größer die Anzahl der Lösungsvorschläge ist, desto eher besteht die Möglichkeit, daß sich unter ihnen realisierbare Ideen befinden.
4. **Die Ideen eines Teammitgliedes sollen von den anderen aufgegriffen und weiterentwickelt werden:** Indem die Vorschläge anderer Teammitglieder ergänzt, modifiziert, kombiniert, umgewandelt oder verfeinert werden, kann sich die Anzahl der hervorgebrachten Ideen beträchtlich erhöhen.

Durch die Einhaltung dieser Grundregeln soll die Gruppenkreativität angeregt werden. Damit die einzelnen Mitglieder der Gruppe frei von Furcht vor Kritik ihre Ideen äußern können, sollte das Team nach Möglichkeit aus Mitarbeitern bestehen, die in etwa der gleichen hierarchischen Stufe im Unternehmen angehören.

Brainstorming ist die in der Wertanalyse am häufigsten angewendete Methode der Ideenfindung. Das liegt unter anderem an der Unkompliziertheit dieser Technik. Die Teilnehmer müssen nur kurz mit den Regeln des Brainstorming vertraut gemacht werden; eine eingehende Schulung ist bei dieser Methode nicht erforderlich. Wegen des großen Spielraums bei der Anzahl der Teilnehmer ist Brainstorming auf eine Vielzahl von Problemen und sowohl in kleinen als auch in großen Unternehmen anwendbar. Diese Kreativ-Technik eignet sich allerdings nur für verhältnismäßig einfache wertanalytische Probleme.

b) Brainwriting

Brainwriting ist ein schriftlicher „Ideenwirbel" und wird häufig in der Form der „635-Technik" angewandt. Die Zahlenkombination 635 soll diese von B. Rohrbach entwickelte spezielle Art des Brainwriting charakterisieren und bedeutet, daß die Gruppe aus **sechs** Mitgliedern besteht, von denen jedes zunächst **drei** Vorschläge auf ein Blatt niederschreiben soll. Diese Blätter werden dann an den Nachbarn weitergereicht, und ausgehend von den Lösungsvorschlägen des Vorgängers bringt wiederum jeder Teilnehmer drei neue Ideen zu Papier. Dieser Vorgang wiederholt sich **fünfmal**, bis also jeder Teilnehmer, angeregt durch die von anderen aufgeschriebenen Ideen, auf jedes der sechs Blätter drei Vorschläge niedergeschrieben hat. Auf diese Weise könnte am Schluß der Sitzung jedes einzelne Blatt maximal 18 Lösungsvorschläge enthalten.

Im Vergleich zum Brainstorming besteht beim Brainwriting der Vorteil, daß die Teammitglieder Lösungen in Ruhe durchdenken und weiterentwickeln können und daß emotionale Hemmnisse in starkem Maße wegfallen. Negativ kann sich allerdings auf die Kreativität auswirken, daß die Spontaneität der Brainstorming-Sitzung verlorengeht.

c) Die morphologische Methode

Die morphologische Methode von F. Zwicky besteht im wesentlichen darin, daß ein zu lösendes Problem in seine einzelnen Elemente zerlegt wird und daß dann für jedes Problemelement alle bekannten und denkbaren Lösungsmöglichkeiten zusammengestellt werden. Auf diese Weise entsteht der sogenannte „morphologische Kasten", der in folgender Übersicht am Beispiel des Problems „Flurfördermittel" verdeutlicht wird (vgl. Tabelle 3).

Tabelle 3: Morphologischer Kasten für das Problem „Flurfördermittel"

Problem-element	Bekannte Lösungen und Lösungsideen			
Antrieb	Elektromotor	Dieselmotor	Benzinmotor	Federmotor
Getriebemotor	Zahnradantrieb	Kettenantrieb	Zykloidenantrieb	Riemenantrieb
Energiequelle	Starkstromnetz	Batterie	Dampf	Benzin
Fortbewegungs-medium	Schiene	Straße	Luft	Wasser
usw.	–	–	–	–

Quelle: Verein Deutscher Maschinenbau-Anstalten (Hrsg.), Wertanalyse im Maschinenbau, Grundlagen und praktische Beispiele, BwB 17, 2. Auflage, Frankfurt (Main) 1970, S. 13.

Nach Aufstellung eines derartigen morphologischen Kastens lassen sich einzelne Lösungsmöglichkeiten durch Lauflinien zu Alternativen für das Grundproblem zusammenfassen. Da in unserem Beispiel für vier Problemelemente jeweils vier Lösungsmöglichkeiten aufgeführt sind, ergeben sich theoretisch $4^4 = 256$ Kombinationsmöglichkeiten.

Die kreative Leistung bei diesem Verfahren besteht vor allem in der Suche nach Lösungsformen für die einzelnen Problemelemente und in der Suche nach der optimalen Kombinationsmöglichkeit. Als Vorteil der morphologischen Methode muß die ihr innewohnende Systematik angesehen werden. Negativ wirkt sich bei diesem logisch-kombinatorischen Verfahren aus, daß sich die Alternativen für das Grundproblem zu eng an die Problemelemente eines bestehenden Funktionsträgers aniehnen und daß sich nur eine geringe Abstraktion von einem gegebenen Objekt erreichen läßt. Es besteht also die Gefahr, daß originelle Alternativen mit dieser Methode nicht erkannt werden können; sie sollte deshalb in der Wertanalyse nur ergänzend zu anderen kreativen Methoden hinzugezogen werden.

d) Synektik

Als kreativste Ideenfindungstechnik gilt die Synektik von J. J. Gordon. Ein wesentliches Merkmal der Synektik ist die Verwendung von Analogien aus anderen Lebens- und Erfahrungsbereichen und damit die bewußte Entfernung vom eigentlichen Problem. Die Analogien für ein bestimmtes technisches Problem können zum Beispiel aus dem Bereich der Natur kommen. Neue Lösungsmöglichkeiten werden dadurch erkannt, daß man versucht, das ursprüngliche Problem und die gewählte Analogie gedanklich zu verbinden und einander anzupassen.

Die Synektik ist die erfolgreichste Technik der Ideenfindung. Wenn sie heute in der wertanalytischen Arbeit industrieller Unternehmen verhältnismäßig selten angewendet wird, so liegt das daran, daß diese Methode eine intensive Schulung für Teammitglieder voraussetzt. Sie ist deshalb weder für einfache Problemstellungen noch für kleinere Betriebe zu empfehlen.

e) Fragelisten

Ein in der Wertanalyse häufig verwendetes Hilfsmittel bei der Ermittlung von Alternativen sind Fragelisten. Sie sollen die Gedankengänge der Teammitglieder auf wichtige wertanalytische Problemkomplexe lenken und die Kreativität vor allem derjenigen Teilnehmer anregen, die nur oberflächlich in die Methoden der Ideenfindung und in die Wertanalyse eingeführt worden sind. Zur Verdeutlichung derartiger Fragelisten diene die folgende Zusammenstellung, in der einige wichtige wertanalytische Probleme angesprochen sind.

Frageliste zur Entwicklung von Alternativen:

- Ist die Funktion für die Mehrzahl der Abnehmer überhaupt erforderlich?
- Können irgendwelche Funktionen von einem anderen Teil mit übernommen werden?
- Wie lassen sich funktionelle Schwachstellen beseitigen?
- Sind funktionsbedingte Eigenschaften überdimensioniert?
- Welche Toleranzen können ohne Beeinträchtigung der Funktionserfüllung erweitert werden?
- Welches preisgünstigere Material könnte eingesetzt werden?
- Mit welchen Materialien würde der Herstellungsprozeß vereinfacht?
- Können bestimmte Teile durch Normteile ersetzt oder aus ihnen hergestellt werden?
- Kann der Materialverbrauch durch kleinere Abmessungen des Fertigteiles oder durch Reduzierung des Abfalls verringert werden?
- Lassen sich Material- oder Bearbeitungskosten durch Änderung der konstruktiven Gestaltung einsparen?
- Kann das Teil mit Hilfe eines anderen Fertigungsverfahrens oder anderer Produktionsmittel hergestellt werden?
- Können bestimmte Arbeitsgänge entfallen oder verkürzt werden?
- Ist die Eigenfertigung vorteilhafter als der Fremdbezug?
- Ist die vorgeschriebene Oberflächenbehandlung notwendig?
- Ist eine andere Oberflächenbeschaffenheit zulässig?
- Kann der Abfall durch Änderung der Konstruktion, durch Änderung im Fertigungsverfahren oder durch Annäherung des Rohteils an die Fertigungsmaße verringert werden?
- Gibt es für den Abfall andere Verwendungsmöglichkeiten?
- Läßt sich ein Teil aus dem Abfall eines anderen Teiles herstellen?
- Ist es günstiger, wenn ein Teil aus mehreren Einzelteilen zusammengesetzt wird?
- Können durch Änderung der Verpackung oder der Transportart Kosten gespart werden?

Eine derartige Frageliste läßt sich nach Belieben erweitern, sie kann je nach Verwendungszweck Fragen allgemeiner Art oder auf ein spezielles Objekt ausgerichtete Fragen enthalten und sich inhaltlich auf die unterschiedlichsten Probleme erstrecken.

f) Vorprüfung der gefundenen Alternativen

Während in der Phase der Lösungssuche die von den Teammitgliedern vorgeschlagenen Alternativen zweckmäßigerweise ohne jede kritische Wertung festgehalten werden sollten, muß nach Abschluß dieser Suchphase zunächst eine grobe Vorprüfung erfolgen, in der diejenigen Lösungsvorschläge ausgeschieden werden, die im Hinblick auf den gegenwärtigen Stand der technischen Entwicklung und nach den vorliegenden Informationen offensichtlich wenig erfolgversprechend sind. Bei dieser groben Aussonderung ist für jede vorgeschlagene Alternative durch das Team zu prüfen, ob sie konstruktiv, fertigungstechnisch und vom Beschaffungsmarkt her realisierbar ist und ob sie wirtschaftlich und von der Vertriebsseite her annehmbar ist. Selbstverständlich sollte ein Vorschlag, der aus bestimmten Gründen Probleme auswirft, nicht sofort als undurchführbar ausgeschieden werden, sondern man sollte erst den Versuch machen, durch Abänderung des problematischen Vorschlages zu einer akzeptablen Lösung zu kommen. In der Praxis wird in der Regel die Selektion soweit durchgeführt, daß höchstens drei oder vier Alternativen übrig bleiben, die dann der folgenden aufwendigeren Prüfung unterzogen werden.

5. Prüfung der Alternativen

Die Lösungsvorschläge, die dem Wertanalyse-Team realisierbar erscheinen, müssen eingehend auf ihre technische Durchführbarkeit hin überprüft und einem Wirtschaftlichkeitsvergleich unterzogen werden.

Zweck der **technischen Prüfung** ist es festzustellen, in welchem Umfang die vorgeschlagene Alternative die verlangten Gebrauchs- und Geltungsfunktionen erfüllt. Man muß sich vergewissern, daß der Lösungsvorschlag hinsichtlich Qualität, Lebensdauer, Wirkungsgrad, Servicefreundlichkeit usw. den Anforderungen des Teams entspricht. Diese Untersuchungen sind in manchen Fällen mit sehr aufwendigen Arbeiten (wie zum Beispiel Labortests, Dauerversuchen, Anfertigung eines Prototyps, Transportversuchen, Versandversuchen, Belastbarkeitstests) verbunden.

Wenn die technische Lösung feststeht, muß im Rahmen einer **wirtschaftlichen Prüfung** ermittelt werden, mit welchem Rationalisierungserfolg im Vergleich zum Ist-Zustand voraussichtlich zu rechnen ist, falls die betreffende Alternative realisiert wird. Es dürfen bei derartigen Wirtschaftlichkeitsüberlegungen nur diejenigen Kosten bzw. Erträge in die Rechnung einbezogen werden, die sich als Folge des Übergangs vom Ist-Zustand zu der betreffenden Alternative ändern. Es muß deutlich gemacht werden, mit welcher Veränderung des Unternehmensgewinns die Realisierung einer Alternative verbunden ist.

Die mit diesen detaillierten technischen und wirtschaftlichen Überprüfungen verbundenen Arbeiten werden von den jeweils zuständigen Betriebsbereichen (Entwicklung, Fertigungsvorbereitung, Einkauf, Vorkalkulation) durchgeführt.

6. Auswahl und Realisierung der optimalen Alternative

Aus den überprüften Alternativen ist die optimale auszuwählen. Als günstigste Lösung ist in der Regel diejenige anzusehen, die bei ausreichender Erfüllung der Sollfunktion die geringsten Kosten verursacht bzw. den größten Gewinnbeitrag für das Unternehmen leistet. Bei der Auswahl sind allerdings auch die Höhe der Investitionen, die mit der Realisierung einer Alternativen verbunden sind, und gegebenenfalls Risiken technischer Art zu berücksichtigen. Die ausgewählte Lösung wird dann den verantwortlichen Stellen in einer Unternehmung zur Einführung vorgeschlagen. Der Bericht über die durch den wertanalytischen Vorschlag erzielbaren Einsparungen bzw. Gewinnsteigerungen ist vom Wertanalyse-Koordinator zu erstellen.

Wenn über die Durchführung einer vorgeschlagenen Lösung von den jeweils Verantwortlichen entschieden worden ist, sind die notwendigen betrieblichen Maßnahmen zur Realisierung des Projektes in die Wege zu leiten. Es muß ein Aktionsplan aufgestellt werden, der die für die Verwirklichung zuständigen Personen festlegt und der einen Zeitplan für die Realisierung sowie einen Kostenplan für die durch den genehmigten Wertanalysevorschlag verursachten Investitionen bzw. Änderungskosten enthält. Falls während der Realisierungsphase unvorhersehbare Schwierigkeiten in bestimmten Bereichen auftreten, kann es erforderlich sein, daß das Wertanalyse-Team erneut zusammengerufen wird und über die Überwindung der Probleme beraten muß.

Nach der Verwirklichung des wertanalytischen Verbesserungsvorschlages ist zu überprüfen, ob die mit der vorgeschlagenen Lösung angestrebten Ziele auch wirklich erreicht worden sind. Als Grundlage dieser Überprüfungen dient ein Vergleich der Soll-Werte (laut Wertanalysevorschlag) mit den neuen Ist-Werten (nach der Realisierung). Diese Kontrolle der Durchführung und des Ergebnisses eines Verbesserungsvorschlages bezeichnet man in der Wertanalyse auch als value control. Durch value control soll unter anderem überprüft werden, ob das Wertanalyse-Team bei seinem Vorschlag nicht mit Phantom-Ersparnissen bzw. -Gewinnsteigerungen oder mit falschen Vorstellungen hinsichtlich möglicher Funktionsverbesserungen gearbeitet hat.

Aufgaben zur Selbstüberprüfung:

12. Welche sechs Grundschritte sind in einem Wertanalyse-Arbeitsplan zu unterscheiden?
13. Erläutern Sie kurz die Vorgehensweise in den sechs Grundschritten!
14. Nach welchen Gesichtspunkten kann die Auswahl derjenigen Objekte, die wertanalytisch untersucht werden sollen, erfolgen?
15. Wer sollte Ihres Erachtens zur Arbeitsgruppe (Wertanalyseteam) zählen? Halten Sie es für sinnvoll, auch Nicht-Fachleute zu den Teamsitzungen hinzuzuziehen?
16. Wie führt man in der Wertanalyse eine Funktionskritik durch?
17. Nach welchen unterschiedlichen Methoden läßt sich in der Wertanalyse ein Kostenziel (Wertziel) ermitteln?
18. Nennen Sie Beispiele für „unnötige Funktionen"!
19. Welche unterschiedlichen Methoden der Ideenfindung kennen Sie?
20. Wie lauten die vier Grundregeln für ein erfolgreiches Brainstorming?
21. Aus welchen Gründen ist Brainstorming die in der Wertanalyse am häufigsten angewendete Methode zur Ideenfindung?
22. Worin sehen Sie Vor- und Nachteile des Brainwriting im Vergleich zum Brainstorming?
23. Welches sind wesentliche Vor- und Nachteile der morphologischen Methode?
24. Die Synektik ist die erfolgreichste Technik der Ideenfindung. Warum wird sie relativ selten in der Wertanalyse angewendet?
25. Ein in der Wertanalyse häufig verwendetes Hilfsmittel bei der Ermittlung von Alternativen sind Fragelisten. Entwerfen Sie eine derartige Checkliste mit zehn unterschiedlichen wertanalytischen Fragen. (Achten Sie bitte darauf, daß wertanalytische Fragen immer auf Alternativen hinweisen.)

D. Wechselbeziehungen zwischen Wertanalyse und Beschaffung

Lernziele:

- Sie wissen, warum die Beschaffung in der Wertanalyse eine dominierende Stellung einnimmt.
- Sie erkennen, daß zwischen Beschaffung und Wertanalyse enge Interdependenzen bestehen.
- Sie können beurteilen, welche konkreten Aufgaben die Beschaffung auf dem Gebiete der Wertanalyse wahrnehmen sollte.
- Sie sind vertraut mit den wesentlichen Voraussetzungen für eine erfolgreiche Mitarbeit des Einkäufers auf dem Gebiete der Wertanalyse.
- Sie können die Auswirkungen der wertanalytischen Arbeit auf die Beschaffung beurteilen.

I. Die Bedeutung der Beschaffung für die Wertanalyse

Die Wertanalyse betrifft zwar nicht nur den Beschaffungsbereich, sondern berührt fast alle Grundfunktionen einer Unternehmung. Es läßt sich jedoch feststellen, daß zwischen Wertanalyse und Einkauf besonders enge Wechselbeziehungen bestehen und daß bei wertanalytischen Untersuchungen gerade der Beschaffung relativ wichtige Aufgaben zufallen. Das hängt zum einen damit zusammen, daß der Anteil der Materialkosten an den Herstellungskosten bei vielen Erzeugnissen sehr hoch ist, daß der Einkauf für einen wesentlichen Teil sowohl der Kosten als auch der Erträge einer Unternehmung Mitverantwortung trägt und daß die Möglichkeiten des Einkäufers, auf betriebliche Kosten und Erträge Einfluß zu nehmen, durch die Wertanalyse beträchtlich erweitert werden. Zum anderen ist die Mitarbeit des Einkäufers in der Wertanalyse deshalb von großer Bedeutung, weil die in der Beschaffung Tätigen im allgemeinen ein sehr starkes Kostenbewußtsein entwickelt haben. In der täglichen Einkaufspraxis müssen ja ständig Materialien, welche mit ähnlichen Eigenschaften und Funktionen ausgestattet sind, kritisch miteinander verglichen werden, und es muß immer wieder darauf geachtet werden, daß der Preis des gekauften Gegenstandes in bezug auf den beabsichtigten Verwendungszweck angemessen ist und daß nicht Produkte mit unnötigen Funktionen oder in nicht erforderlicher Qualität beschafft werden. Schließlich kommt hinzu, daß die Beschaffung auch wegen ihrer vielfältigen Beziehungen zu den Lieferanten und wegen ihrer Kenntnis der am Beschaffungsmarkt angebotenen Alternativen für die Wertanalyse-Arbeit von großem Nutzen ist. Es ist deshalb nicht verwunderlich, daß die Wertanalyse aus der Beschaffung hervorgegangen ist.

II. Die Aufgaben der Beschaffung auf dem Gebiete der Wertanalyse

1. Bemühungen um Einführung der Wertanalyse

Welche Aufgaben die Beschaffung auf dem Gebiete der Wertanalyse wahrzunehmen hat, ist unter anderem davon abhängig, ob in einer Firma Wertanalyse in Form von Teamarbeit bereits praktiziert wird oder nicht, ob eine eigene Stelle für Wertanalyse im Unternehmen vorhanden und welcher Instanz sie zugeordnet ist. So sollte sich die Beschaffung in denjenigen Unternehmen, die noch keine Wertanalyse betreiben und deren Mitarbeiter mit dem wertanalytischen Gedankengut noch nicht vertraut sind, um die Einführung der Wertanalyse bemühen. Das kann dadurch geschehen, daß man in Gesprächen den Mitarbeitern anderer Unternehmensbereiche oder der Geschäftsleitung das Konzept der Wertanalyse erläutert und ihnen anhand von Beispielen die Vorteile der Wertanalyse aufzeigt. Vielleicht kann die Beschaffung an einem konkreten wertanalytischen Problem aus dem eigenen Erfahrungsbereich verdeutlichen, welche Kostenbeträge durch Wertanalyse eingespart werden könnten, und auf diese Weise die anderen Unternehmensbereiche für die Mitarbeit bei bestimmten wertanalytischen Studien gewinnen. Daß die Bemühungen der Beschaffung, in einem Unternehmen Wertanalyse einzuführen oder andere Unternehmensbereiche zur Mitarbeit bei wertanalytischen Problemen anzuregen, nicht immer auch den gewünschten Erfolg haben, mag unter anderem damit zusammenhängen, daß ja die Wertanalyse traditionelle Lösungen in Frage stellen und Ressortschranken abbauen möchte, was nicht in jedem Fall von allen Betroffenen gern gesehen wird.

2. Die Mitarbeit in organisierten Wertanalyse-Teams

Wenn in einer Unternehmung Wertanalyse bereits praktiziert wird und Wertanalyseteams mit Stabs- oder Ausschußcharakter existieren, muß die Beschaffung Wert darauf legen, daß der Einkauf in den jeweils bestehenden Teams auch vertreten ist und aktiv mitarbeiten kann. Nur so ist zu gewährleisten, daß die Belange der Beschaffung gebührend berücksichtigt werden und daß das in der Materialwirtschaft vorhandene Potential an Erfahrungen, Wissen und Ideen in der Wertanalyse genutzt wird. Im einzelnen wird sich die Mitarbeit des Einkäufers in den unterschiedlichen Phasen der Wertanalyse schwerpunktmäßig auf die folgenden Gebiete erstrecken:

- Die Beschaffung wird zunächst einmal wertvolle Anregungen bei der **Auswahl der Untersuchungsobjekte** für die Wertanalyse geben können. Denn die im Einkauf Tätigen haben infolge jahrelanger Beschäftigung mit den unterschiedlichsten Erzeugnissen, deren Preisen und Einsatzgebieten ein gewisses Gespür dafür entwickelt, ob die Kosten für eine bestimmte Funktionserfüllung im Vergleich zu den Kosten von Produkten mit ähnlichen Funktionen zu hoch liegen oder angemessen sind. Auch wird der Einkauf in einer Unternehmung noch am ehesten bemerken, daß der Preis eines bestimmten Materials in den vergangenen Jahren verhältnismäßig stark gestiegen ist, so daß die Frage nach dem Einsatz eines nicht so stark inflationierten Materials gestellt werden muß. Oder der Einkäufer stößt bei seiner marktforscherischen Tätigkeit auf Neuentwicklungen auf dem Beschaffungsmarkt, die für den eigenen Betriebsbedarf von Interesse sein könnten.

- Zur **Ermittlung des Ist-Zustandes** wird die Beschaffung vor allem Informationen über die Preise und die Beschaffungssituation der im Untersuchungsobjekt enthaltenen fremdbezogenen Teile und Baugruppen beizusteuern haben. Auch Daten über die Lieferanten und über die zu beobachtenden technischen Neuerungen bei den verwendeten Fertigungsstoffen sind von Interesse.
- In der Phase **„Kritik des Ist-Zustandes"** wird der Einkäufer insbesondere bei der Ermittlung des Wertzieles behilflich sein können; denn er ist über die Kosten der Produkte mit ähnlicher Funktion in der Regel gut informiert.
- In der **kreativen Phase** wird man vom Einkäufer vor allen Dingen Vorschläge zur Materialsubstitution, zur Verwendung genormter Teile, zur Standardisierung sowie zum Problem Eigenfertigung/Fremdbezug erwarten können.
- Bei der **Überprüfung der** in die engere Wahl gezogenen **Lösungen** obliegt der Beschaffung die Feststellung, zu welchem Preis ein Lieferant das vom Wertanalyseteam entworfene Teil herstellen kann und ob die vom Team vorgeschlagenen Alternativen auch vom Beschaffungsmarkt her in mengenmäßiger und qualitätsmäßiger Hinsicht realisierbar sind. Wertanalytische Vorschläge, die ohne Rücksicht auf die fertigungstechnischen Belange des Zulieferers und ohne Mitwirkung des Lieferanten zustande kommen, können negative Auswirkungen auf die betrieblichen Kosten bzw. Erträge haben.
- Bei der **Verwirklichung der ausgewählten Alternative** schließlich hat die Materialwirtschaft durch Kontakte zu den Lieferanten dafür Sorge zu tragen, daß die erforderliche Umstellung im Beschaffungsprogramm erfolgt und die Beschaffungsdispositionen der Realisierung des Projektes angepaßt werden.

3. Die wertanalytische Arbeit in der Linienstelle

Neben und unabhängig von der Mitarbeit in organisierten Wertanalyseteams gehört die permanente wertanalytische Arbeit in der Linienstelle zu den Aufgaben der Materialwirtschaft. Daß Wertanalyse mit besonderer Effizienz in Teamsitzungen durchgeführt wird, bedeutet ja nicht, daß nicht ebenfalls außerhalb eines Teams wertanalytische Überlegungen möglich sind. Für die Beschaffung ist die Wertanalyse zu einem großen Teil eine Denkweise, die auch der einzelne Einkäufer bei seiner täglichen Arbeit einsetzen kann und die sich dabei auf eine Vielzahl von materialwirtschaftlichen Problemen anwenden läßt.

Bei diesen vom einzelnen Einkäufer durchgeführten wertanalytischen Überlegungen wird man zweckmäßigerweise ebenfalls das in der Teamarbeit übliche Phasenschema in grober Form beibehalten. Denn ein Einkäufer, der untersuchen möchte, ob ein bestimmtes, ziemlich aufwendiges Material für einen bestimmten Verwendungszweck auch unbedingt erforderlich ist, wird zunächst sicherlich eine Reihe von Informationen über das Untersuchungsobjekt, seine Funktionen und Kosten sammeln müssen und die Stärken und Schwächen dieses Artikels genauer zu untersuchen haben, um kritisch zum Ist-Zustand Stellung nehmen zu können. Erst auf der Grundlage dieser Erkenntnisse wird der Einkäufer in der Lage sein, mögliche Alternativen zu entwickeln. Die gefundenen Alternativen müssen sodann auf ihre Durchführbarkeit hin überprüft werden, bevor ein konkreter Verbesserungsvorschlag der Abteilung unterbreitet wird, die den Artikel verwendet.

Im Vergleich zur Teamarbeit ist der im Alleingang vom Einkauf erarbeitete Wertanalysevorschlag mit dem Nachteil behaftet, daß er erst noch den davon berührten Stellen in einer Unternehmung verkauft werden muß und daß deren Zustimmung einzuholen ist. Aber zahlreiche Probleme wertanalytischer Art, mit denen sich der Einkäufer in seiner täglichen Arbeit auseinandersetzen muß, erreichen nicht eine derartige Dimension, daß sich unbedingt damit eine ganze Projektgruppe zu befassen hätte. Selbstverständlich wird man auch bei der im Einkauf durchgeführten Wertanalyse in der Regel nicht ohne die Unterstützung durch andere Abteilungen der Unternehmung und ohne die Einschaltung des Lieferanten auskommen können. Da zudem nicht jeder Einkäufer auch ein guter Wertanalytiker sein muß oder die erforderliche Zeit für wertanalytische Studien aufbringen kann, haben einige Einkaufsabteilungen größerer Unternehmen den Einkäufern einen Wertanalyse-Spezialisten zur Seite gestellt, dessen Aufgabe darin besteht, die Einkäufer bei wertanalytischen Projekten zu beraten und zu unterstützen.

4. Anlässe für wertanalytische Untersuchungen

Die Beschaffung wird vorwiegend durch bestimmte Marktsituationen und -entwicklungen veranlaßt, wertanalytische Untersuchungen anzuregen und/oder durchzuführen. Beispielsweise wird (sollte) der Einkauf die folgenden Marktverhältnisse bzw. -veränderungen zum Anlaß nehmen, die anderen Unternehmensbereiche auf die Notwendigkeit der Durchführung wertanalytischer Untersuchungen hinzuweisen und/oder selbst wertanalytische Überlegungen anzustellen:

- Bei einem bestimmten Rohstoff ist mit einer Erschöpfung der Lagerstätten in absehbarer Zeit zu rechnen.
- Bei einem bestimmten Material sind in Zukunft starke und länger andauernde Preissteigerungen zu erwarten.
- Ein bestimmter Artikel muß aus Spannungsgebieten bezogen werden.
- Auf einem bestimmten Markt ist man in die Abhängigkeit eines Kartells geraten, oder es ist für die Zukunft eine Kartellbildung auf diesem Markt zu erwarten.
- Es kann damit gerechnet werden, daß die Preise potentieller Substitutionsgüter in Zukunft sinken werden.
- Es haben sich in quantitativer, qualitativer oder terminlicher Hinsicht unüberbrückbare Schwierigkeiten mit den (dem) Lieferanten ergeben.
- Infolge des technischen Fortschritts oder von Forschungsergebnissen drängen neue Technologien und potentielle Substitutionsgüter auf den Beschaffungsmarkt.
- Gesetzgeberische Maßnahmen (zum Beispiel auf dem Gebiete des Umweltschutzes, der Produkthaftpflicht oder des Konsumentenschutzes) machen eine Änderung des Beschaffungsprogramms erforderlich.

III. Voraussetzungen für eine erfolgreiche einkäuferische Arbeit auf dem Gebiet der Wertanalyse

Eine wesentliche Voraussetzung für eine erfolgreiche Arbeit des Einkäufers auf dem Gebiet der Wertanalyse sind umfassende Marktkenntnisse. Der Einkäufer muß als Kontaktstelle der Unternehmung zum Beschaffungsmarkt über die Preise unterschiedlicher Materialien, über die Preisentwicklung auf bestimmten Märkten, über Erzeugnisse mit speziellen Eigenschaften sowie über neuartige Produktionsverfahren und Neuentwicklungen informiert sein, wenn er wirkungsvoll an wertanalytischen Problemen in der Unternehmung mitarbeiten will. Die Vermittlung derartiger Informationen über den Beschaffungsmarkt ist geradezu die Grundaufgabe des Einkäufers in den unterschiedlichen Phasen wertanalytischer Teamarbeit. Vielfach entstehen ja erst aus diesen Marktkenntnissen heraus Anregungen zur Kostensenkung, zur Veränderung und Verbesserung bestimmter Endprodukte oder der Verpackung sowie zur Produktivitätssteigerung in der Fertigung. Aus diesem Grunde ist die Wertanalyse in sehr starkem Maße auf die Ergebnisse der Beschaffungsmarktforschung angewiesen, und daraus leitet sich zum großen Teil die dominierende Stellung der Beschaffung in der Wertanalyse ab.

Der Einkäufer wird um so größere Erfolge bei der Lösung wertanalytischer Probleme verzeichnen können, je besser es ihm gelingt, durch intensive Zusammenarbeit mit den Lieferanten deren technisches Wissen zu nutzen und die Lieferanten an der Suche nach günstigeren Alternativen zu beteiligen. Um möglichst weitgehend die Anbieter in die wertanalytischen Bemühungen der eigenen Unternehmung einschalten zu können, benötigt der Einkäufer allerdings eine genaue Kenntnis der Lieferantenszene. Denn er muß wissen, bei welchen Lieferanten er voraussichtlich geeignete Informationen, Anregungen oder Vorschläge zu bestimmten Problemen wertanalytischer Art erhalten kann, und er sollte schon bei der Auswahl von Lieferanten für den Betriebsbedarf berücksichtigen, ob ein Anbieter zur Mitarbeit bei wertanalytischen Untersuchungen bereit und fähig ist.

Neben Kenntnissen über Beschaffungsmärkte und Lieferanten verlangt die Wertanalyse vom Einkäufer auch die Fähigkeit und Bereitschaft zur Gemeinschaftsarbeit. Da die Wertanalyse eine Synthese aus kaufmännischen und technischen Überlegungen darstellt, muß der Einkäufer sich vor allem um eine behutsame und vorurteilsfreie Zusammenarbeit mit der Technik bemühen; er sollte versuchen, die Denkweise und Sprache des Technikers zu verstehen.

IV. Auswirkungen der Wertanalyse auf die Beschaffung

Wertanalytische Arbeiten und Überlegungen führen im Einkauf zu einem Umdenken und zu einer veränderten Einstellung zu materialwirtschaftlichen Problemen; sie haben eine Reihe von tiefgreifenden Auswirkungen auf die Marktaktivitäten des Einkäufers, auf seine Beziehungen zu den anderen Ressorts in der eigenen Unternehmung und auf seine Qualifikation als Materialwirtschaftler.

Wertanalyse verlangt ja vom Einkäufer ein Denken in Funktionen statt in Objekten. Überträgt nun der Einkäufer dieses Funktionsdenken auf seine Marktaktivitäten, so bedeutet das, daß er nicht mehr Produkte, sondern Träger von Funktionen oder Problemlösungen beschafft. Dem wertanalytisch tätigen Einkäufer genügt es einfach nicht mehr, wenn er ein bestimmtes von der bedarfsanfordernden Stelle vorgeschriebenes Teil in der verlangten Abmessung und Qualität zu einem möglichst günstigen Preis beschafft; er möchte auch überprüft wissen, ob nur dieses Teil für den vorgesehenen Zweck geeignet ist oder ob für die Funktionserfüllung nicht auch andere Produkte in Betracht kommen, die unter Umständen noch besser dem Betriebszweck angepaßt oder kostengünstiger sind. Damit die verschiedenen Alternativen, die der Markt bietet, auch möglichst umfassend von der Beschaffung berücksichtigt werden können, ist es erforderlich, daß die Techniker bereit sind, dem Einkauf eine genaue Funktionsbeschreibung zu geben und daß der Einkauf diese Funktionsbeschreibung mit der Bitte um Angebote an potentielle Lieferanten weiterleitet. Auf diese Weise ergibt sich für die Beschaffung ein größerer Spielraum bei der Auswahl alternativer Produkte, und gleichzeitig wird die gesamte Einkaufstätigkeit in stärkerem Maße auf den Unternehmenszweck ausgerichtet. Durch den Einsatz der Wertanalyse erweitern sich die Möglichkeiten des Einkäufers, die Markt- und Machtposition seines Unternehmens auf dem Beschaffungsmarkt zu verbessern und auf die Kosten- und Ertragsseite seiner Unternehmung Einfluß zu nehmen.

Im Hinblick auf die Beziehungen der Beschaffung zu anderen Unternehmensbereichen stellt die Wertanalyse ein wichtiges Instrument dar, mit dem der Einkauf auf andere Funktionsbereiche der Unternehmung einwirken kann, daß diese das Wissen des Einkäufers in ihren Entscheidungen mit berücksichtigen. Insbesondere kann durch den Einsatz der Wertanalyse erreicht werden, daß die Beschaffung bei der Festlegung des qualitativen Betriebsbedarfs mitwirkt und auf diesem Gebiet nicht nur Abwickler von Bedarfsanforderungen ist. Wertanalytische Untersuchungen und Überlegungen führen also dazu, daß der Einkäufer mit seinem Wissen besser in das betriebliche Geschehen eingegliedert wird und auf diese Weise Kostenbewußtsein auch in andere Ressorts einer Unternehmung getragen wird.

Schließlich darf nicht übersehen werden, daß der Einkäufer durch die Mitarbeit in der Wertanalyse seine persönliche Qualifikation als Materialwirtschaftler wesentlich verbessern kann. Das hängt unter anderem damit zusammen, daß Wertanalyse die für die Beschaffungstätigkeit sehr wesentliche Objektorientierung unterstützt, dem Einkäufer technisches Wissen vermittelt und daß im Zuge der Arbeiten an wertanalytischen Problemen der Einkäufer seine kreativen Fähigkeiten entwickeln kann.

Aufgaben zur Selbstüberprüfung:

26. Die Wertanalyse berührt fast alle Grundfunktionen einer Unternehmung. Es wird jedoch behauptet, daß zwischen Wertanalyse und Beschaffung besonders enge Beziehungen bestehen. Begründen Sie diese Behauptung.
27. Kann der Einkäufer bei der Auswahl der Objekte, die wertanalytisch untersucht werden sollen, mitwirken? Begründen Sie Ihre Ansicht.
28. Auf welchen konkreten Gebieten wird man vom Einkäufer Verbesserungsvorschläge in der kreativen Phase erwarten können?
29. Welche Voraussetzungen müssen bei einem Einkäufer gegeben sein, damit er erfolgreich auf dem Gebiet der Wertanalyse mitarbeiten kann?
30. Aus welchen Anlässen wird/sollte der Einkäufer in einer Unternehmung wertanalytische Untersuchungen anregen?
31. Was hat man sich unter einer wertanalytischen Einkaufstätigkeit vorzustellen?
32. Entwerfen Sie (mit Hilfe von Brainstorming) eine Liste, die zehn mögliche Ursachen für hohe Kosten in einer Unternehmung enthält.

E. Wertanalyse mit Lieferanten

Lernziele:

- Sie können erkennen, warum heute die wertanalytische Zusammenarbeit mit dem Lieferanten für eine Unternehmung von großer Bedeutung ist und welche konkreten Ziele der Abnehmer mit dieser Kooperation verfolgt.
- Sie wissen, welche unterschiedlichen Methoden in der Praxis angewendet werden, um die Lieferanten zu wertanalytischen Überlegungen anzuregen.
- Sie kennen die verschiedenen Methoden, mit denen der Abnehmer die Leistungen wertanalytisch aktiver Lieferanten anerkennen bzw. honorieren kann.
- Sie sind mit den Voraussetzungen für eine gemeinsame Wertanalyse zwischen Lieferant und Abnehmer vertraut.
- Sie erkennen, welche Probleme bei der wertanalytischen Zusammenarbeit mit dem Lieferanten auftreten können.

I. Zweck der Zusammenarbeit

Wertanalytische Untersuchungen sind in erster Linie eine unternehmensinterne Angelegenheit. Angesichts der raschen Entwicklungen auf technischem Gebiet, der anhaltenden Tendenz zur Spezialisierung und des wachsenden und sich differenzierenden Beschaffungsvolumens ist heute jedoch ein einzelnes Unternehmen kaum noch in der Lage, allein die vielfältigen Möglichkeiten der Kostensenkung und Produktverbesserung im Rahmen der Wertanalyse zu erkennen und zu beurteilen. Immer mehr Firmen gehen deshalb dazu über, den Lieferanten bei der Suche nach günstigeren Alternativen einzuschalten; sie fordern ihn auf, allein oder in Kooperation mit dem Abnehmer seine Produkte einer Wertanalyse zu unterziehen und bei wertanalytischen Problemen des Abnehmers mitzuwirken.

Die Lieferanten verfügen über technisches Spezialwissen, das in der eigenen Unternehmung nicht immer vorhanden ist; sie kennen die Faktoren, welche die Kosten und die Qualität ihrer Erzeugnisse bestimmen und besitzen vor allen Dingen genauere Kenntnisse der möglichen Einsatzgebiete ihrer Produkte. Aus diesen Gründen wird auf dem Gebiete der Wertanalyse die Intensivierung des Gedankenaustausches zwischen Lieferant und Abnehmer immer wichtiger und kann die Anzahl wertanalytischer Vorschläge und Anregungen aus dem Kreis der Lieferanten bei entsprechender Motivierung durch den Abnehmer beachtlich sein. So wird in der Literatur erwähnt, daß ein japanischer Automobilhersteller in einem Jahr allein 4 000 Vorschläge wertanalytischer Art von seinen Lieferanten erhalten hat, von denen 70 Prozent verwirklicht werden konnten. Und laut einer Umfrage der amerkanischen Zeitschrift „Purchasing" waren in amerikanischen Unternehmen die in der Wertanalyse erzielten Einsparungen zu durchschnittlich 14 Prozent auf Vorschläge der Lieferanten zurückzuführen.

Wertanalyse mit Lieferanten stellt eine auf Partnerschaft ausgerichtete Nutzenoptimierung im Verbund dar und verfolgt andere Ziele als eine Preisstrukturanalyse oder eine Preisverhandlung; das heißt, daß die Gewinnspanne des Lieferanten hier nicht zur Disposition stehen sollte. Vielmehr geht es bei der wertanalytischen Zusammenarbeit mit Lieferanten primär darum,

- das bei spezialisierten Anbietern vorhandene technologische Wissen besser zu nutzen und die beim Abnehmer vorhandenen Vorstellungen hinsichtlich produktspezifischer Problemlösungen mit den fertigungstechnischen Möglichkeiten und dem Know-how des Lieferanten abzustimmen;
- verschiedene Know-how-Träger an einen Tisch zu bringen und auf diese Weise das Innovationspotential beider Unternehmen zu stärken und Synergieeffekte zu schaffen. Immer wieder kommt es in der Praxis vor, daß ein Lieferant Problemlösungen anzubieten hat, an welche man in der eigenen Unternehmung überhaupt nicht gedacht hat;
- das Wissen des Anbieters in die eigene Produktentwicklung einfließen zu lassen. Dadurch soll erreicht werden, daß neue Endprodukte zügiger entwickelt und rascher auf den Markt gebracht werden. Manchmal lassen sich auf diese Weise auch kostspielige eigene Neuentwicklungen vermeiden.
- durch konstruktive Veränderungen am Endprodukt, an der Baugruppe oder am Teil die Herstellungskosten beim Lieferanten oder beim Abnehmer (bzw. in der gesamten verknüpften Wertkette aus Lieferanten- und Abnehmeraktivitäten) zu senken.

Innerhalb dieser Bemühungen kommt der Materialwirtschaft verstärkt die Aufgabe eines Vermittlers zwischen der eigenen Technik und den Lieferanten zu; sie fungiert als Know-how-Drehscheibe und versucht, Ideen vom Beschaffungsmarkt ins eigene Unternehmen zu holen. Hierbei muß es sich nicht unbedingt um bahnbrechende Innovationen, um Vorstöße in absolutes Neuland handeln. Häufig können schon kleinere praxisnahe Verbesserungsvorschläge, welche den heutigen Stand der Technik in den eigenen Betrieb holen oder welche sich schnell realisieren lassen, zu beträchtlichen Kostenreduzierungen bzw. Gewinnsteigerungen führen und die Wettbewerbskraft einer Unternehmung stärken.

Manchmal geht die Initiative zur gemeinsamen Wertanalyse in der Praxis sogar vom Lieferanten aus. Denn auch der Anbieter muß im Hinblick auf den Umfang und die Sicherung seiner mit dem Abnehmer zukünftig zu tätigenden Geschäfte daran interessiert sein, daß die von ihm belieferte Unternehmung langfristig wettbewerbsfähige Produkte auf den Markt bringt. Von einer gemeinsamen Wertanalyse kann der Anbieter auch dann profitieren, wenn aufgrund dieser Kooperation Fehlerquellen, Schwachstellen und Unwirtschaftlichkeiten im Lieferantenbetrieb aufgedeckt und beseitigt werden können, so daß sich die Stellung des Lieferanten auf seinem Absatzmarkt verbessert.

II. Möglichkeiten und Methoden der Zusammenarbeit

In den Einkaufsabteilungen industrieller Unternehmen werden die verschiedensten Methoden angewendet, um die Lieferanten zu wertanalytischen Überlegungen anzuregen und sie für eine Mitarbeit in der Wertanalyse des Abnehmers zu gewinnen.

Eine Reihe von Firmen versieht ihre **Anfrageformulare mit einer Zusatzfrage aus** dem Bereich **der Wertanalyse.** Ein derartiger Zusatz in der Anfrage kann etwa lauten: „Wir sind Ihnen für alle Vorschläge dankbar, die dazu führen, daß sich die Qualität unseres Erzeugnisses verbessert und seine Kosten gesenkt werden können." Auf diese Weise soll erreicht werden, daß der Lieferant nicht genau nach angegebener Spezifikation anbietet, wenn er günstigere Möglichkeiten zur Erfüllung der verlangten Funktion sieht.

Diese Methode läßt sich dadurch weiterentwickeln, daß man der Anfrage oder einem persönlich gehaltenen Schreiben an den Lieferanten eine **Checkliste mit** einer Reihe von konkreten **Fragen aus** dem Bereich **der Wertanalyse** beigibt. In einem derartigen Fragenkatalog für Lieferanten könnten vom Abnehmer etwa die nachstehenden wertanalytischen Probleme angesprochen werden:

- Welche der in unserer Spezifikation gestellten Forderungen verursachen bei der Produktion des Teiles besondere Schwierigkeiten bzw. Kosten, und welche Änderungen schlagen Sie vor, um diese Schwierigkeiten zu beseitigen bzw. um die Kosten zu senken?
- Können Sie zur Herstellung des angeforderten Teiles ein anderes Material oder ein wirtschaftlicheres Verfahren empfehlen?
- Lassen sich die Fertigungskosten durch geringfügige Zeichnungsänderungen oder durch Änderung der Form des Werkstückes reduzieren?
- Welche Operationen sind nach Ihrer Auffassung zur Funktionserfüllung nicht erforderlich?
- Enthält Ihr Produktionsprogramm ein Standarderzeugnis oder ein anderes Produkt, welches anstelle des von uns bezogenen Teiles verwendet werden könnte?
- Können Sie eine Änderung der Oberflächenbehandlung vorschlagen, die zu Kostensenkungen führen würde?
- Können Sie Vorschläge zur Senkung der Verpackungs- oder Transportkosten machen?
- Verlangen wir Qualitätskontrollen, die nach Ihrer Ansicht nicht erforderlich sind?

Diese Fragelisten zur Wertanalyse können beliebig erweitert und verfeinert werden. Wenn sie in ihrem Inhalt auf das mit der Wertanalyse anzustrebende Ziel und auf das jeweils zur Diskussion stehende Produkt abgestellt sind, können sie einen guten Ausgangspunkt für eine engere wertanalytische Zusammenarbeit zwischen Lieferant und Abnehmer bilden. Als Zielgruppe für derartige Fragebogenaktionen kommen hauptsächlich eingeführte Lieferanten in Frage, die eine lange Erfahrung mit der Herstellung des betreffenden Produktes aufweisen.

Fragebogenaktionen sollen und können jedoch nicht das **wertanalytische Gespräch** zwischen Anbieter und Abnehmer ersetzen. In intensiven Diskussionen muß auf der einen Seite der Einkäufer die Zulieferer über die sich in seiner Branche anbahnenden technologischen Trends informieren sowie neue Denkansätze der Technik und wertanalytische Problemstellungen des eigenen Unternehmens an seine Lieferanten herantragen. Auf der anderen Seite sollte der Marktpartner darauf mit Kreativität und Anpassungsfähigkeit reagieren, von sich aus Problemlösungen vorschlagen und mit dem Abnehmer besprechen.

Eine weitere Möglichkeit, das Interesse der Lieferanten für wertanalytische Probleme des Abnehmers zu wecken, bietet der **Einkaufsschaukasten.** In ihm werden fremdbezogene oder auch eigengefertigte Teile einschließlich der entsprechenden Konstruktionszeichnungen ausgestellt. Ein derartiger Einkaufsschaukasten ist im allgemeinen im Warteraum oder im Besprechungszimmer einer Beschaffungsabteilung untergebracht und soll dazu dienen, daß die Vertreter der Lieferanten sich in ihrer Wartezeit über Artikel informieren, die der abnehmenden Unternehmung aus Kosten- und Qualitätsgründen besondere Schwierigkeiten bereiten. Auf Hinweisschildern werden die Lieferanten dazu aufgefordert, Verbesserungsvorschläge zu den ausgestellten Gegenständen zu entwickeln. In einigen Fällen wird der Besucher auch gebeten, Muster oder Zeichnungen von Teilen, die in seiner Unternehmung hergestellt werden könnten, mitzunehmen. Ferner kann es zweckmäßig sein, den Lieferanten an einem im Einkaufsschaukasten ausgestellten Beispiel zu demonstrieren, wie wertanalytische Überlegungen zu Veränderungen oder Vereinfachungen von Einkaufsteilen, zu Kostensenkungen oder Qualitätsverbesserungen bei bestimmten Produkten geführt haben. Zwar ist bei diesem Vorgehen das Ersuchen um Hilfe in der Wertanalyse nicht sehr eindringlich gestellt. Gleichwohl kann durch einen derartigen Einkaufsschaukasten die Mitarbeit der Lieferanten in der Wertanalyse sicherlich in begrenztem Umfang aktiviert werden. Damit möglichst viele Lieferanten auf diese Weise angesprochen werden, sollte die Einkaufsabteilung darauf achten, daß die ausgestellten Artikel von Zeit zu Zeit ausgewechselt werden.

Einen anderen Versuch, Anbieter zu wertanalytischen Überlegungen anzuregen, stellen die **Lieferantentage** dar. Der Abnehmer bittet zu dieser ein- oder zweitägigen Veranstaltung einen Kreis von ausgewählten, wichtigen Lieferanten ins eigene Unternehmen. Hier erläutert man den Anbietern Ziele und Zukunftspläne der Unternehmung, und man erklärt ihnen die vom Abnehmer betriebene Beschaffungspolitik sowie die daraus ableitbaren Auswirkungen auf die Lieferanten. Ein wesentlicher Teil des Programms ist die Betriebsbesichtigung. Die Besucher erhalten anläßlich eines Lieferantentages insbesondere einen Überblick über die vom Abnehmer hergestellten Endprodukte und über die Materialien, Teile und Baugruppen, welche in diese Endprodukte eingehen. Auf diese Weise können sie an Ort und Stelle erfahren, wie und wo ihre eigenen Produkte bei der abnehmenden Unternehmung zum Einsatz gelangen, was ja nicht unbedingt auch aus der Spezifikation oder aus der technischen Zeichnung hervorgehen muß. Es ist aus wertanalytischer Sicht zweckmäßig, wenn die Lieferanten darüber aufgeklärt werden, aus welchem Grunde der Abnehmer diese oder jene Spezifikation gewählt hat, die Einhaltung enger Toleranzen erforderlich ist, bestimmte Anforderungen an ein Teil gestellt werden müssen oder wo die Hauptschwierigkeiten des Abnehmers bei der Herstellung seiner Endprodukte liegen. Der Durchführung derartiger Veranstaltungen liegt der richtige Gedanke zugrunde, daß ein Lieferant vielfach nicht genügend über die Funktion, die sein Produkt im Enderzeugnis des Abnehmers erfüllt, informiert ist und aus diesem Grunde auch wenig zu wertanalytischen Überlegungen beitragen kann. Ein wesentliches Ziel, das mit Hilfe von Lieferantentagen angestrebt wird, besteht darin, den Anbieter in wertanalytische Gespräche zu verwickeln, ihn zur Mitarbeit in der Wertanalyse herauszufordern und von ihm Verbesserungsvorschläge auf den verschiedensten Gebieten zu erhalten.

Da heute eine Reihe von Lieferanten noch nicht genügend mit der Wertanalyse vertraut ist, kommt es in der Praxis vor, daß Unternehmen für ihre Lieferanten **Wertanalyse-Seminare** veranstalten bzw. bestimmte Zulieferer an Wertanalyse-Seminaren teilnehmen lassen, die für die eigenen Mitarbeiter bestimmt sind. Man will auf diese Weise den Lieferanten in das Gedankengut der Wertanalyse einführen, ihm eine Starthilfe für eigene wertanalytische Überlegungen geben und sein Interesse für die Wertanalyse wecken.

Ähnliche Ziele streben Unternehmen an, die ihren Lieferanten **Schriften zur Wertanalyse** zukommen lassen. Derartige Broschüre können dem Zweck dienen, den Lieferanten

- mit der wertanalytischen Arbeit vertraut zu machen,
- zu wertanalytischen Überlegungen anzuregen,
- über die Notwendigkeit und die möglichen Methoden der wertanalytischen Zusammenarbeit zwischen Anbieter und Abnehmer zu informieren,
- als einen Spezialisten auf seinem Gebiet anzusprechen und ihn aufzufordern, sich mit der Funktion seines Produktes genauer auseinanderzusetzen und dem Abnehmer günstigere Problemlösungen zu liefern,
- darauf hinzuweisen, daß ein wertanalytisch aktiver Lieferant bei zukünftigen Bestellungen des Abnehmers in der Regel eine gewisse Vorzugsstellung gegenüber anderen Wettbewerbern erhält.

Die intensivste Form wertanalytischer Zusammenarbeit zwischen Lieferant und Kunde besteht wohl darin, daß Kaufleute und Techniker aus beiden Unternehmen an **gemeinsamen Wertanalysesitzungen** teilnehmen. Dabei können sowohl die Endprodukte des Abnehmers als auch die Teile, die der Anbieter liefert, zur Diskussion gestellt werden. Dieses Verfahren geht selbstverständlich weit über die sonst übliche Kooperation zwischen Lieferant und Abnehmer hinaus und ist vor allem dann angebracht, wenn das geballte Wissen und die kreativen Fähigkeiten der Spezialisten beider Unternehmen erforderlich sind, um sehr schwierige Probleme wertanalytischer Art zu lösen. Vom Lieferanten kann in einem derartigen Team erwartet werden, daß er Beiträge zu fast allen Phasen der Wertanalyse erbringt. Lediglich in Phase 6 (Auswahl der Alternativen) erübrigt sich die Mitarbeit des Lieferanten, da unternehmensspezifische Interessen des Abnehmers die Entscheidung beeinflussen.

Die Zusammensetzung eines gemeinsamen Wertanalyse-Teams muß selbstverständlich der jeweiligen Problemstellung und den innerbetrieblichen Gegebenheiten beider Marktpartner angepaßt werden. Als recht zweckmäßig hat sich allerdings in der Praxis der folgende Teilnehmerkreis herausgestellt: Von seiten des Lieferanten sollte je ein Repräsentant aus dem Vertriebsbereich, der Technik und der Kalkulation an den gemeinsamen Sitzungen teilnehmen; seitens des Abnehmers sollten neben dem Wertanalytiker auch der betroffene Einkäufer und Techniker vertreten sein.

Hinsichtlich der Frage, wer in diesem Team die Koordinationsaufgabe übernimmt, bieten sich unterschiedliche Möglichkeiten an. Häufig wird die Koordination entweder durch einen Mitarbeiter der Lieferfirma oder durch einen Mitarbeiter des Abnehmers erfolgen. In diesen Fällen wird sinnvollerweise derjenige Geschäftspartner den Wertanalyse-Koordinator stellen, welcher voraussichtlich den größten Anteil an der gemeinsamen Arbeit zu leisten hat. Es besteht jedoch auch die Möglichkeit, daß einem von beiden Seiten akzeptierten externen Wertanalytiker die Koordination übertragen wird.

Selbstverständlich lassen sich die erwähnten unterschiedlichen Formen der wertanalytischen Zusammenarbeit zwischen Lieferant und Abnehmer auch wirkungsvoll kombinieren. So wird man etwa anläßlich eines Seminars über Wertanalyse eine Betriebsbesichtigung veranstalten oder den Teilnehmern des Seminars in einem Einkaufsschaukasten problembehaftete Einkaufsteile zur Kenntnis bringen können. Die Beschaffung wird bei dieser Kooperation darauf zu achten haben, daß sämtliche Ideen und Verbesserungsvorschläge, welche von seiten der Lieferanten kommen, auch in die wertanalytische Arbeit des Abnehmers einfließen und von den zuständigen Bereichen bzw. Gremien auf ihre Verwertbarkeit hin überprüft werden.

III. Anerkennung der Leistungen des wertanalytisch aktiven Lieferanten

Beiträge der Lieferanten zu wertanalytischen Problemen der Abnehmer können nicht als eine Selbstverständlichkeit angesehen werden. Es genügt deshalb nicht, wenn der Einkäufer seine Lieferanten mit Hilfe bestimmter Methoden zu wertanalytischen Überlegungen anregt. Der Abnehmer sollte die Leistungen der Lieferanten, die sich in der wertanalytischen Zusammenarbeit besonders bewährt haben, auch in irgendeiner Weise anerkennen. Diese Anerkennung der wertanalytischen Leistungen der Lieferanten und die Bemühungen des Einkäufers, das Interesse des Lieferanten für die Wertanalyse zu wecken, stehen in einem engen Wechselverhältnis. Denn ein Einkäufer, der es versäumt, die Lieferanten zur wertanalytischen Arbeit anzuregen, braucht sich in der Regel auch nicht viel Gedanken über das Problem der Anerkennung von Leistungen der Lieferanten zu machen. Und eine Unternehmung, die aus der wertanalytischen Zusammenarbeit mit einem Lieferanten ständig nur Vorteile für sich zieht, nicht aber den Anbieter dafür in irgendeiner Form belohnt, wird bald erfahren, daß der Geschäftspartner nur widerwillig oder zögernd an wertanalytischen Programmen mitwirkt.

Die Praxis wendet eine Reihe von Methoden an, mit denen die Leistungen derjenigen Lieferanten, die sich auf dem Gebiete der Wertanalyse besondere Verdienste erworben haben, honoriert und anerkannt werden können. Einige wichtige Möglichkeiten für diese Honorierung bzw. Anerkennung sollen im folgenden kurz erwähnt werden:

- Man kann den wertanalytisch aktiven Lieferanten zusätzliche Aufträge zukommen lassen.
- Einige Firmen verleihen dem Lieferanten, der sich auf dem Gebiete der Wertanalyse besondere Verdienste erworben hat, ein Zertifikat, in dem die Leistungen des Lieferanten gewürdigt und bestätigt werden. Die Anbieter sind im allgemeinen sehr daran interessiert, von potenten Abnehmern derartige Zertifikate zu erhalten. Zum einen können sie daraus ersehen, daß ihre Bemühungen wertanalytischer Art auch vom Kunden anerkannt werden. Zum anderen kann der Zulieferer ein derartiges Schriftstück für Werbezwecke verwenden.
- Der wertanalytisch aktive Lieferant bekommt den ersten Auftrag (oder die ersten Aufträge), ohne daß sein Angebot der Konkurrenz ausgesetzt wird. Soweit in einem derartigen Fall

Werkzeugkosten und/oder Lerneffekte bei der Herstellung des betreffenden Produktes eine Rolle spielen, kann diese Vorzugsbehandlung zur Folge haben, daß dieser Lieferant auch in Zukunft auf diesem Gebiet einen Vorsprung gegenüber seinen Konkurrenten behält.

- Man empfiehlt den wertanalytisch aktiven Lieferanten den Einkäufern in der eigenen Unternehmung und/oder den Einkäufern in anderen befreundeten Unternehmen und teilt dieses Vorgehen dem betroffenen Lieferanten mit. Die Anerkennung der wertanalytischen Leistungen eines Anbieters kann in bestimmten Fällen auch dadurch erfolgen, daß der Abnehmer in seiner Werkszeitschrift die vom Lieferanten angeregten Verbesserungsvorschläge vorstellt und würdigt.
- Soweit das Produkt des Lieferanten einer gemeinsamen wertanalytischen Untersuchung unterzogen werden soll, kann man sich vorstellen, daß Lieferant und Abnehmer vereinbaren, daß die aus der Wertanalyse resultierenden (potentiellen) Ersparnisse nach einem bestimmten Schlüssel auf die beiden Geschäftspartner aufgeteilt werden.
- Vorstellbar ist ferner, daß in bestimmten Fällen der Abnehmer dem Lieferanten die Entwicklungsaufwendungen ersetzt.
- Vom Lieferanten eingereichte originelle Verbesserungsvorschläge werden unter bestimmten Bedingungen ähnlich mit Prämien honoriert, wie es beim innerbetrieblichen Vorschlagswesen üblich ist.

Generell sollte der Abnehmer seinen Zulieferern deutlich machen, daß er dauerhafte und vertrauensvolle Geschäftsverbindungen vorwiegend mit jenen Anbietern anstrebt, die ihn bei der technischen Weiterentwicklung der Endprodukte unterstützen und ihn auf Möglichkeiten der Kostensenkung und Qualitätsverbesserung aufmerksam machen. Ein wertanalytisch aktiver Lieferant wird dann allerdings vom Abnehmer auch erwarten dürfen, daß seine Leistungen durch Aufträge honoriert werden, die sich positiv auf seinen Deckungsbeitrag auswirken, und daß sich über das Auftragsvolumen die im Rahmen der gemeinsamen Wertanalyse getätigten Investitionen bezahlt machen. Es sollte nach Möglichkeit vermieden werden, daß sich für den Anbieter Nachteile aus dem Ergebnis einer gemeinsamen Wertanalyse ergeben.

IV. Probleme und Grenzen der Zusammenarbeit

Eine wesentliche Voraussetzung für eine gemeinsame Wertanalyse zwischen Lieferant und Abnehmer ist, daß zwischen beiden Partnern ein aus langjähriger Geschäftsbeziehung resultierendes vertrauensvolles Verhältnis besteht und daß der Fortbestand der zukünftigen geschäftlichen Beziehungen nicht durch das Ergebnis der gemeinsamen Wertanalyse gefährdet wird. Nur auf dieser Basis wird in der Praxis die Bereitschaft zum Austausch von Informationen und Ideen, wie er in der Wertanalyse erforderlich ist, auf beiden Seiten vorhanden sein. Denn der im Rahmen der Wertanalyse notwendige Informationsaustausch wird sich in vielen Fällen auch auf Daten erstrecken müssen, die vertraulicher Art sind und nicht an Dritte weitergegeben werden sollten. So muß sich etwa der Lieferant, der Informationen bereitstellt, Vorschläge wertanalytischer Art unterbreitet, oder seine Neuentwicklungen auf bestimmten Gebieten erläutert, darauf verlassen können, daß nicht die abnehmende Unternehmung seine Ideen an andere Lieferanten weitergibt und diese danach anbieten läßt oder daß nicht der Kunde aufgrund der ihm zur Kenntnis gebrachten Neuentwicklungen des Lieferanten eine Eigenfertigung anstrebt. Schwierigkeiten und Grenzen wertanalytischer Zusammenarbeit zwischen Lieferant und Abnehmer können sich dort ergeben, wo für einen Partner die Gefahr des Abflusses von Know-how besteht oder wo Betriebsgeheimnisse tangiert werden könnten.

Vom Ergebnis einer gemeinsamen Wertanalyse an einem Produkt, das der Lieferant herstellt, sollten beide Partner profitieren. Was jedoch im Einzelfall als der aus einer gemeinsamen Wertanalyse resultierende Nutzen anzusehen ist, und nach welchem Schlüssel etwa erzielte Ersparnisse auf die beiden Beteiligten aufzuteilen sind, das sollte nach Möglichkeit zu Beginn der Untersuchung vereinbart werden. Für die Festlegung des Aufteilungsschlüssels können unter anderem von Bedeutung sein:

a) die jeweilige Marktmacht der beiden Geschäftspartner;

b) der Anteil, mit dem der Abnehmer auf der einen Seite und der Lieferant auf der anderen Seite an den gesamten Aufwendungen für die Wertanalyse und die Entwicklungsarbeit beteiligt sind;

c) das Ausmaß, in dem der Abnehmer einerseits und der Lieferant andererseits Ideen zur Erarbeitung einer günstigeren Lösung beigetragen haben;

d) die Frage, ob das Produkt des Lieferanten ausschließlich an den beteiligten Abnehmer oder auch an Dritte geliefert wird: Wenn beispielsweise ein Abnehmer pro Periode 1 000 Stück einer Baugruppe bezieht, von welcher der Lieferant insgesamt 10 000 Stück in einer Periode absetzt, dann sollte dem Abnehmer die gesamte aus der Wertanalyse resultierende Kostenreduzierung (in Form ermäßigter Preise) zustehen. Denn der Zulieferer kann in einem derartigen Falle ja bei der restlichen Produktion von dieser Kostensenkung profitieren bzw. durch Preissenkung seine Marktposition festigen;

e) die Frage, ob der Lieferant die in der gemeinsamen Wertanalyse erarbeiteten Ergebnisse und Erkenntnisse in anderen Bereichen oder bei der Herstellung anderer Produkte verwerten und auf diese Weise die Wettbewerbsposition der Unternehmung verbessern kann;

f) die Art der Kostenreduzierung, welche mit Hilfe der gemeinsamen Wertanalyse erreicht wird: Sind Kostenreduzierungen beispielsweise darauf zurückzuführen, daß Funktionen eines Produktes als unnötig erkannt und eliminiert werden, dann kommen in der Regel die Ersparnisse voll dem Abnehmer zugute. Werden dagegen kostensparende Lösungen für erforderliche Funktionen gemeinsam erarbeitet, denkt man in der Praxis eher an eine Aufteilung dieser Kostensenkungen;

g) die vom Abnehmer betriebene Lieferantenpolitik.

Wegen der Vielzahl der Einflußfaktoren wird es eine allgemeingültige Regelung für die Ersparnisaufteilung nicht geben können.

Bei einer sehr intensiven wertanalytischen Zusammenarbeit zwischen den Spezialisten des Lieferanten und des Abnehmers kann es vorkommen, daß während der Teamarbeit schutzwürdige Ideen entwickelt werden. Um von vornherein Schwierigkeiten möglichst zu vermeiden, sollten deshalb beide Unternehmen, bevor sie mit der gemeinsamen Wertanalyse beginnen, auch eine Vereinbarung treffen, die sich auf die Verwertungsrechte etwaiger durch Teamarbeit gefundener schutzwürdiger Ideen bezieht. Es ist ebenfalls zweckmäßig, von gemeinsamen Wertanalyse-Sitzungen Ergebnisprotokolle anzufertigen, in denen festgehalten wird, welche Ideen entwickelt worden sind und wer an der Ideensuche beteiligt war.

Der Abnehmer wird ferner bei der wertanalytischen Zusammenarbeit mit dem Anbieter darauf achten müssen, daß der Lieferant manchmal mit gezielten Vorschlägen und mit Hilfe spezieller Spezifikationen versuchen wird, mögliche Wettbewerber völlig auszuschalten. Für den Abnehmer kann dann leicht die Gefahr entstehen, daß er nach Realisierung dieses wertanalytischen Vorschlages in die Abhängigkeit dieses Lieferanten gerät und in der Zukunft seine Flexibilität bei der Lieferantenauswahl verliert.

Schließlich kann ein Abnehmer von seinem Lieferanten nicht erwarten, daß dieser ihm Verbesserungsvorschläge unterbreitet, welche die Gefahr des Auftragsverlustes für den Lieferanten in sich bergen.

Aufgaben zur Selbstüberprüfung:

33. Lawrence D. Miles, der Begründer der Wertanalyse, hat immer wieder auf die Notwendigkeit der Zusammenarbeit mit dem Lieferanten auf dem Gebiete der Wertanalyse hingewiesen. Aus welchen Gründen sollte man die Lieferanten in wertanalytische Überlegungen einschalten?
34. Warum geht manchmal die Initiative zur gemeinsamen Wertanalyse auch vom Lieferanten aus?
35. Unterstellen Sie einmal, daß Ihr Unternehmen von den Lieferanten in nur sehr geringem Umfang wertanalytische Vorschläge und Anregungen erhält und daß Sie an dieser Situation etwas ändern wollen. Welche Methoden könnten Sie anwenden, um Lieferanten zu wertanalytischen Überlegungen anzuregen und um sie für eine Mitarbeit in der Wertanalyse zu gewinnen?
36. Die Praxis wendet eine Reihe von Methoden an, mit denen die Leistungen derjenigen Lieferanten, die sich auf dem Gebiet der Wertanalyse besondere Verdienste erworben haben, honoriert bzw. anerkannt werden können. Nennen Sie derartige Möglichkeiten für diese Honorierung bzw. Anerkennung.
37. Nicht jeder Lieferant ist als Partner für ein gemeinsames Wertanalyse-Projekt geeignet. Welche Voraussetzungen sollten Ihrer Meinung nach bei einem Lieferanten vorhanden sein, damit er als Projektpartner für Sie in Betracht kommt?
38. Worin sehen Sie Probleme und Schwierigkeiten der Zusammenarbeit mit dem Lieferanten auf wertanalytischem Gebiet? Und erläutern Sie, wie man in der Praxis versucht, einige dieser Schwierigkeiten nach Möglichkeit zu vermeiden.

F. Schlußwort

Der Wertanalyse ist eine heuristische Methode (Suchmethode). Das bedeutet, daß Erfolge im Rahmen der Wertanalyse nicht vorhersehbar und nicht unbedingt gewährleistet sind. Dieser Sachverhalt ist wohl der Grund dafür gewesen, daß zunächst viele Praktiker und Theoretiker der Wertanalyse skeptisch gegenüberstanden. Aus den in den vergangenen Jahren mit der Wertanalyse gesammelten Erfahrungen und erzielten Erfolgen resultierte jedoch ziemlich rasch eine positivere Einstellung zur wertanalytischen Arbeit. Heute hört man häufig die Meinung, daß die Wertanalyse vergleichbar sei mit der Akupunktur, die mit dem Slogan wirbt: „Was wir anbieten können, sind Erfolge, nicht Theorien."

In einer Unternehmung wird man allerdings berücksichtigen müssen, daß Erfolge auf dem Gebiet der Wertanalyse von einer Vielzahl von Faktoren abhängig sind. Zu diesen Faktoren zählen unter anderem:

- die Aufgeschlossenheit und positive Einstellung der Unternehmensleitung zur Wertanalyse;
- die bedachte Auswahl der Untersuchungsobjekte;
- die Auswahl von geeigneten Teammitgliedern (Phantasie und Bereitschaft zur Zusammenarbeit);
- eine gute Arbeitsatmosphäre im Team;
- die Einstellung der mittleren Führungsebene und der sogenannten Fachleute zu neuen Ideen;
- die Zusammenarbeit zwischen den betrieblichen Grundfunktionen bei der Realisierung des wertanalytischen Projektes.

Unsere Volkswirtschaft und die einzelnen Unternehmen befinden sich zur Zeit in einem schwierigen Prozeß der Anpassung an veränderte Marktgegebenheiten. Gleichzeitig erwartet man heute einen Innovationsschub. In einer derartigen Situation wird die Wertanalyse zu einem wichtigen Instrument, das zur Bewältigung der anstehenden Probleme in den einzelnen Unternehmen und in der gesamten Volkswirtschaft beitragen kann.

Verzeichnis der Abbildungen und Tabellen

Literaturverzeichnis

Arnolds, H./Heege, F./Tussing, W.: Materialwirtschaft und Einkauf, 7. Auflage, Wiesbaden 1990

Ausschuß Wertanalyse (WA) im DIN Deutsches Institut für Normung e. V.: Wertanalyse, Deutsche Norm, DIN 69 910, August 1987

Baier, P.: Wertgestaltung – Ein Leitfaden zur organisierten Kostensenkung, München 1968.

Baier, P./Wagener H.J.: Der Einkäufer als aktives Mitglied in Wertanalyse-Arbeitsgruppen, Der industrielle Einkauf, 1969, Heft 6, S. 68–69.

Bundesverband Materialwirtschaft und Einkauf, BME (Hrsg.): Wertanalyse mit Lieferanten, BME-Schriftenreihe „wissen und beraten", Frankfurt/Main 1988.

Burmeister, D.: Wertanalyse in Teamarbeit, Beschaffung aktuell, 1976, Heft 11, S. 18–20.

Burmeister, D.: Wertanalyse mit Lieferanten – Mehr als ein Lippenbekenntnis, Beschaffung aktuell, 1974, Heft 7/8, S. 30–34.

Burmeister, D.: Möglichkeiten und Probleme bei der Wertanalyse mit Lieferanten, Der Betriebswirt, 1981, Heft 2, S. 23–34.

Christmann, K.: Gewinnverbesserung durch Wertanalyse, Stuttgart 1973.

Emmerling, G.: Wertanalyse mit Geschäftspartnern, Beschaffung aktuell, 1986, Heft 4, S. 45–48.

Gutsch, R. W./Witthauer, K. F.: Wie kann die Wertanalyse der Beschaffung dienen?, Maschinenmarkt, Jg. 80 (1974), Heft 12, S. 184–185.

Heege, F.: Notwendigkeit und Chancen partnerschaftlicher Zusammenarbeit zwischen Lieferant und Einkauf, Beschaffung aktuell, Sonderausgabe: „Der Beschaffungsmarkt 1987/88", S. 5–8.

Janßen, G. K.: Wertanalyse und Wertgestaltung, Bad Wörishofen 1973.

Krehl, H./Wittmann, H.: Abnehmer und ihre Lieferanten kann Wertanalyse zu guten Partnern machen, Maschinenmarkt, Jg. 84 (1987), S. 2. 140–2. 141.

Krehl & Partner (Karlsruhe): Wertanalyse-Grundseminar, Karlsruhe o. J.

Kourim, G.: Wertanalyse – Grundlagen, Methoden, Anwendungen, München/Wien 1968.

Miles, L. D.: Value Engineering – Wertanalyse, die praktische Methode zur Kostensenkung, 2. Auflage, München 1967.

Rost, P./Brunckhorst, H.: Wertanalyse an Kaufteilen, Beschaffung aktuell, 1982, Heft 12, S. 16–19.

Sell, J.: Erfolgschancen im Materialbereich, Bad Wörishofen 1972.

Sieber, M: Nur „wertanalytisches" Denken schafft gute Bedingungen für rechtzeitiges Reagieren, Maschinenmarkt, Jg. 87 (1981), Heft 102/103, S. 2. 203-2. 204.

Siemens AG (Hrsg.): Methodische Grundlagen der Wertanalyse Schriftenreihe „Blaue Broschüren", Heft 12, München o. J.

Trautmann, W. P.: Wertanalyse im Einkauf (Management Script, Band 4), Gernsbach 1973.

VDI-Gemeinschaftsausschuß „Wertanalyse" (Hrsg.): Wertanalyse, Idee-Methode-System, 2. Auflage, Düsseldorf 1975.

Verein Deutscher Maschinenbau-Anstalten (Hrsg.): Wertanalyse im Maschinenbau, Grundlagen und praktische Beispiele, (BwB 17), 2. Auflage, Frankfurt/Main 1970.

Wellenreuther, H.: Innovation mit Hilfe der Wertanalyse, in: Das Management von Innovationen, (Hrsg.: Erich Staudt), Frankfurt/Main 1986, S. 160–170.

Wierdemann, W.: Innovationspotential Beschaffungsmarkt – Die Mittlerfunktion des Einkaufs, in Festschrift: Die industrielle Beschaffung im Spiegel von Theorie und Praxis (20 Jahre Ausbildung im Schwerpunktbereich Beschaffungswesen und Lagerwirtschaft), Hrsg: Fachhochschule Niederrhein/Fachbereich Wirtschaft, Mönchengladbach 1988, S. 47-50.

Wiest, R./von Klaudy, A.: Mit Wertanalyse Kosten und Qualität in den Griff bekommen, Blick durch die Wirtschaft, v. 5. 12. 1983, (Nr. 234), S. 3.

Zemke, W.: Wertanalyse, Lehrwerk Industrielle Beschaffung, Bd. 12, Frankfurt/Main 1969.

o. V., Wertanalyse mit Lieferanten, Nutzenoptimierung im Verbund, Beschaffung aktuell, 1988, Heft 8, S. 18-25.

Lösungen der Aufgaben zur Selbstüberprüfung

1. Die Wertanalyse wurde kurz nach Beendigung des Zweiten Weltkrieges in den Vereinigten Staaten von Lawrence D. Miles bei der General Electric Company entwickelt. Zur Entwicklung dieser neuen Methode wurde er durch Erfahrungen angeregt, die man während des Zweiten Weltkrieges beim Einsatz von Substitutionsgütern anstelle knapper Materialien gemacht hatte.

2. Lösungen c), d) und f)

3. Die Wertanalyse weist gegenüber den konventionellen Methoden der Rationalisierung die folgenden charakteristischen Merkmale auf:

   - die funktionsorientierte Denk- und Betrachtungsweise,
   - das systematische Vorgehen nach einem Arbeitsplan,
   - die organisierte Teamarbeit,
   - der Einsatz von Techniken der Ideenfindung,
   - die Anwendungsneutralität.

4. Durch die Teamarbeit soll unter anderem sichergestellt werden,

   - daß die verschiedenen Unternehmensbereiche, die mit dem Untersuchungsobjekt in Berührung stehen, an der Aufgabenlösung mitwirken,
   - daß das vorhandene Potential an Erfahrungen, Wissen und Ideen in diesen Bereichen optimal genutzt wird,
   - daß unvernünftigen Ressortegoismen entgegengewirkt wird.

5. Unter Produkt-Wertanalyse sind die wertanalytischen Untersuchungen an Erzeugnissen, die sich in der laufenden Fertigung befinden, zu verstehen. Als Konzept-Wertanalyse bezeichnet man in der Wertanalyse diejenigen Untersuchungen, die sich auf ein neu zu gestaltendes Erzeugnis in der Konzeptions- und Planungsphase beziehen.

   Ein wesentlicher Nachteil der Produkt-Wertanalyse im Vergleich zur Konzept-Wertanalyse besteht darin, daß bei Verbesserungsvorschlägen im Rahmen der Produkt-Wertanalyse in der Regel bestimmte Änderungskosten anfallen.

6. Wenn bereits produziert wird, so fallen als Folge von Verbesserungsvorschlägen in der Regel Umstellungskosten an, weil Maschinen, Werkzeuge usw. umgerüstet oder neu gekauft werden müssen.

7.

Objekt	Funktion
Fenster	Tageslicht hereinlassen
Krawatte	Kleidung ergänzen
Waschmittel	Schmutz von Fasern lösen
Knopf	Textilteile zusammenhalten
Getriebe	Kraft übertragen
Tachometer	Geschwindigkeit anzeigen

Telefon	Kommunikation ermöglichen
Seminar	Wissen vermitteln

8. Die Gebrauchsfunktion gewährleistet die wirtschaftliche und technische Verwendung eines Produktes. Geltungsfunktionen sprechen das Geschmacksempfinden und die Prestigevorstellungen des Benutzers an.

   Hauptfunktionen sind im Hinblick auf die Erfordernisse des Marktes unbedingt notwendig. Nebenfunktionen unterstützen und ergänzen die Hauptfunktion. Unnötige Funktionen eines Produktes gewähren dem Verwender weder einen Geltungs- noch einen Gebrauchsnutzen.

9.

	Hauptfunktion	Nebenfunktion	Unnötige Funktion	Gebrauchs- oder Geltungsfunktion
Aschenbecher				
– Zigarettenreste aufnehmen	X			Gebrauchsfunktion
– Tisch schmücken		X		Geltungsfunktion
Kugelschreiber				
– Striche ziehen	X			Gebrauchsfunktion
– Befestigung ermöglichen (Haltebügel)		X		Gebrauchsfunktion
– Vor Schmutz schützen (Kappe)		X		Gebrauchsfunktion
– Besitzer schmücken		X		Geltungsfunktion
Feuerzeug				
– Flamme erzeugen	X			Gebrauchsfunktion
– Flamme regulieren		X		Gebrauchsfunktion
– Demontage erlauben			X	
– Werbeaufschrift tragen	(X)		(X)	(Gebrauchs- oder Geltungsfunktion)
– Auffallen durch besonderes Design	(X)	(X)		Geltungsfunktion

10. Durch funktionsbedingte Eigenschaften kann man im Rahmen der Wertanalyse die Funktion eines Gegenstandes mit Hilfe quantifizierbarer Größen genauer bestimmen. Diese Mindest- und/oder Höchstwerte können sich zum Beispiel auf die Leistungen des Objektes, auf die Lebensdauer oder auf die Korrosionsbeständigkeit beziehen.

    Beispiel: Eine wichtige Funktion des Gabelstaplers besteht darin, Lasten zu heben. Diese Funktion kann durch die beiden funktionellen Anforderungen „Hubgeschwindigkeit" (zum Beispiel: 2 m/s) sowie „Hubhöhe" (zum Beispiel 5 m) genauer beschrieben werden.

11. Die funktionsorientierte Denkweise ist deshalb von großer Wichtigkeit.,

- weil man nur auf diese Weise beurteilen kann, was an einem Erzeugnis wesentlich oder unwesentlich ist,
- weil sie eine Loslösung vom Gegenständlichen ermöglicht und auf diese Weise das Auffinden von völlig neuen Lösungen erleichtert,
- weil diese Denkweise die Unternehmen zwingt, ihre Entscheidungen stärker den Erfordernissen des Absatzmarktes anzupassen.

12. Der Wertanalyse-Arbeitsplan besteht aus den folgenden sechs Grundschritten:

- Vorbereitung,
- Ermittlung des Ist-Zustandes,
- Kritik des Ist-Zustandes,
- Ermittlung von Alternativen (kreative Phase),
- Prüfung der Alternativen,
- Auswahl und Realisierung der optimalen Alternative.

13. Grundschritt 1 umfaßt die Auswahl des Untersuchungsobjektes, die Formulierung des Untersuchungszieles, die Bildung der Arbeitsgruppe sowie die Planung des zeitlichen Ablaufs der Untersuchung.

Grundschritt 2 umfaßt die Produkt- und Funktionsbeschreibung sowie die Ermittlung der Ist-Kosten.

Grundschritt 3 umfaßt die Kritik der Funktionserfüllung sowie die Bildung eines Wertzieles.

Grundschritt 4 ist die eigentliche kreative Phase; hier wird mit Hilfe von Techniken der Ideenfindung nach Alternativen gesucht. Es findet ebenfalls eine grobe Vorprüfung der gefundenen Alternativen statt, so daß höchstens drei oder vier Alternativen übrig bleiben.

Grundschritt 5 umfaßt die detaillierte wirtschaftliche und technische Prüfung der am Ende des Grundschritts 4 ausgewählten Alternativen.

Grundschritt 6 umfaßt die Auswahl der optimalen Alternative, die Empfehlung an die Geschäftsleitung sowie die Realisierung der optimalen Alternative.

14. Die Auswahl derjenigen Objekte, die wertanalytisch untersucht werden sollen, kann nach folgenden Gesichtspunkten erfolgen:

- Anteil am Umsatz,
- ABC-Analyse,
- Grad der Gefährdung der Produkte durch die Konkurrenz bzw. die Marktentwicklung,
- Ausmaß der Rationalisierungsreserven in einem Produkt.

15. Die personelle Zusammensetzung einer Arbeitsgruppe ist vom jeweils zu analysierenden Produkt abhängig zu machen. In der Regel kommen die Teammitglieder aus dem Absatz,

der Entwicklung und Fertigung sowie aus der Materialwirtschaft. Bei speziellen Problemstellungen wird es Ausnahmen von dieser Regel geben. Falls es das zu untersuchende Problem erforderlich macht, können weitere Spezialisten (zum Beispiel aus der Qualitätskontrolle etc.) fallweise oder ständig zu den Teamsitzungen hinzugezogen werden. Unter bestimmten Voraussetzungen ist auch die Einbeziehung von Nicht-Fachleuten möglich und sinnvoll, da gerade dieser Personenkreis bei der Ermittlung von Alternativen den nötigen Abstand zu der bisherigen Konzeption hat. Diese Möglichkeit der Einbeziehung von Nicht-Fachleuten ist jedoch in der Regel nicht bei technisch hochkomplizierten Problemstellungen gegeben.

16. Man führt eine Funktionskritik durch, indem man die Ist-Funktion eines Produktes sowie die funktionsbedingten Eigenschaften mit den Anforderungen der Verwender an das Erzeugnis vergleicht.

17. Die Ermittlung eines Wertzieles kann erfolgen, indem man
    - sich an den Kosten von Objekten orientiert, die ähnliche Funktionen wie das Untersuchungsobjekt erfüllen,
    - von den Preisen für billigere Konkurrenzfabrikate oder für Substitutionsgüter ausgeht,
    - durch eine retrograde Rechnung das Kostenziel für ein Teil oder eine Baugruppe aus dem auf dem Absatzmarkt zu erzielenden Preis für das Endprodukt ableitet,
    - die Kosten, die eine bestimmte Funktion verursacht, von den einzelnen Teammitgliedern schätzen läßt.

18. Beispiele für unnötige Funktionen:
    - übertriebene technische Anforderungen,
    - Überdimensionierungen,
    - überhöhte Toleranzgenauigkeit,
    - zu lange Lebensdauer bestimmter Teile im Vergleich zum Gesamterzeugnis,
    - nicht verlangte Griffe oder Teile,
    - überflüssige Lochbohrungen.

19. Brainstorming, Brainwriting, die morphologische Methode, Synektik

20. Grundregeln für ein erfolgreiches Brainstorming:
    1. Eine Kritik an geäußerten Ideen ist streng untersagt.
    2. Es muß dafür gesorgt werden, daß die Phantasie sich möglichst frei entfalten kann.
    3. Die Quantität der Ideen hat Vorrang vor der Qualität.
    4. Die Teammitglieder sollen die Ideen anderer Mitglieder aufgreifen und weiterentwikkeln, so daß ein Schneeballeffekt entsteht.

21. Brainstorming ist eine relativ unkomplizierte Technik der Ideenfindung. Wegen des großen Spielraums bei der Anzahl der Teilnehmer ist Brainstorming auf eine Vielzahl von Problemen und sowohl in kleinen als auch in großen Unternehmen anwendbar.

22. Im Vergleich zum Brainstorming besteht beim Brainwriting der Vorteil, daß die Teammitglieder Lösungen in Ruhe durchdenken und weiterentwickeln können und daß emotionale Hemmnisse in starkem Maße wegfallen. Negativ kann sich allerdings auf die Kreativität auswirken, daß die Spontaneität der Brainstorming-Sitzung verlorengeht.

23. Als Vorteil der morphologischen Methode muß die ihr innewohnende Systematik angesehen werden. Negativ wirkt sich bei diesem Verfahren aus, daß sich nur eine geringe Abstraktion von dem bestehenden Untersuchungsobjekt erreichen läßt.

24. Wegen der Verwendung von Analogien ist die Synektik eine relativ schwierige Methode der Ideenfindung. Sie setzt eine intensive Schulung der Teammitglieder voraus.

25. Beispiele für wertanalytische Fragen finden Sie in der „Frageliste zur Entwicklung von Alternativen" im Abschnitt 4 c.

26. Die besonders engen Beziehungen zwischen Wertanalyse und Beschaffung sind darin begründet,
    - daß die Wertanalyse aus der Beschaffung hervorgegangen ist,
    - daß der Einkäufer für einen wesentlichen Teil sowohl der Kosten als auch der Erträge einer Unternehmung Mitverantwortung trägt und daß die Möglichkeiten des Einkäufers, auf betriebliche Kosten Einfluß zu nehmen, durch die Wertanalyse beträchtlich erweitert werden,
    - daß die in der Beschaffung Tätigen im allgemeinen ein sehr starkes Kostenbewußtsein entwickelt haben und deshalb ihre Mitarbeit in der Wertanalyse von großer Bedeutung ist,
    - daß die Beschaffung wegen ihrer vielfältigen Beziehungen zu den Lieferanten und wegen ihrer Kenntnis der am Beschaffungsmarkt angebotenen Alternativen für die Wertanalyse-Arbeit von großem Nutzen ist.

27. Der Einkäufer wird wertvolle Anregungen bei dieser Auswahl geben können, da er durch seine marktforscherischen Tätigkeiten sowie durch die engen Kontakte zu den Lieferanten vielfältige Hinweise auf mögliche Verbesserungen der betrieblichen Kosten und/oder Erträge erhält.

28. In der kreativen Phase wird man vom Einkäufer vor allen Dingen Vorschläge
    - zur Materialsubstitution,
    - zur Normung und Standardisierung,
    - zum Problem make-or-buy

    erwarten können.

29. Wesentliche Voraussetzungen für eine erfolgreiche Arbeit des Einkäufers auf dem Gebiet der Wertanalyse sind:
    - umfassende Marktkenntnisse,
    - intensive Zusammenarbeit mit den Lieferanten,
    - das Denken in technischen Kategorien,
    - Fähigkeit und Bereitschaft zur Teamarbeit.

30. Der Einkäufer wird / sollte wertanalytische Untersuchungen anregen, wenn beispielsweise

- bei einem bestimmten Rohstoff eine Erschöpfung der Lagerstätten absehbar ist,
- bei einem bestimmten Material in Zukunft starke und länger andauernde Preissteigerungen zu erwarten sind,
- ein bestimmtes Produkt aus Spannungsgebieten bezogen werden muß,
- die Preise potentieller Substitutionsgüter in Zukunft sinken werden,
- infolge des technischen Fortschritts oder von Forschungsergebnissen neue Technologien und potentielle Substitutionsgüter auf den Markt drängen,
- gesetzgeberische Maßnahmen (zum Beispiel auf dem Gebiet des Umweltschutzes) eine Änderung im Beschaffungsprogramm erforderlich machen.

31. Darunter ist zu verstehen, daß der Einkäufer nicht mehr (bestimmte) Produkte, sondern Träger von Funktionen bzw. Problemlösungen einkauft.

32. Zehn mögliche Ursachen für hohe Kosten in einer Unternehmung:

1) Verwendung von kostspieligen Spezialteilen anstelle von marktgängigen Produkten,
2) Entscheidungen, die unter Termindruck getroffen werden,
3) Mangel an richtigen Informationen über Lieferanten, neue Fertigungsverfahren oder Substitutionsgüter,
4) Abneigung, Ratschläge von anderen einzuholen und anzunehmen,
5) Zufriedenheit mit der Gewinnspanne des Endproduktes,
6) fehlende Bemühungen um die Einschaltung der Lieferanten bei wertanalytischen Überlegungen,
7) Entscheidungen aufgrund von Gewohnheiten,
8) fehlender Wettbewerb zwischen den Anbietern auf dem Beschaffungsmarkt,
9) Mißtrauen und Vorbehalte gegenüber neuen Ideen und neuen Lösungen,
10) Mangel an Zusammenarbeit zwischen den betrieblichen Grundfunktionen.

33. Der Abnehmer sollte die Lieferanten in wertanalytische Überlegungen einschalten,

- weil sie in vielen Fällen über technisches Spezialwissen verfügen, das der Abnehmer nutzen sollte, um seine Kosten zu senken oder die Qualität seiner Produkte zu steigern;
- weil auf diese Weise das Innovationspotential beider Marktpartner gestärkt werden kann;
- weil dadurch der Lieferant mit seinem Know-how die Kapazitäten der eigenen Entwicklungsabteilung ergänzen oder in bestimmten Fällen auch ersetzen bzw. entlasten kann.

Wertanalytische Kooperation mit Lieferanten ist kein Nullsummenspiel, bei dem der Abnehmer versucht, auf Kosten des Lieferanten möglichst günstige Preise zu erzielen; vielmehr handelt es sich hier um eine Zusammenarbeit, aus der beide Marktpartner Vorteile ziehen können und sollen.

34. Auch der Lieferant kann von einer gemeinsamen Wertanalyse profitieren. Das ist zum Beispiel dann der Fall, wenn aufgrund dieser Kooperation

   - die von ihm belieferte Firma langfristig wettbewerbsfähig und somit auch in Zukunft noch mit ihm im Geschäft bleibt,
   - Fehlerquellen, Schwachstellen und Unwirtschaftlichkeiten im Lieferantenbetrieb aufgedeckt und beseitigt werden können, so daß sich die Stellung des Lieferanten auf seinem Absatzmarkt verbessert.

35. Man könnte:

   - der Anfrage oder einem persönlich gehaltenen Schreiben an den Lieferanten eine Reihe von Fragen aus dem wertanalytischen Bereich beifügen und auf diese Weise den Lieferanten zu wertanalytischen Überlegungen anregen,
   - durch die Einrichtung eines Einkaufsschaukastens das Interesse des Lieferanten für wertanalytische Probleme wecken,
   - Lieferanten zu einer Betriebsbesichtigung und einem Gespräch über wertanalytische Fragen ins eigene Werk einladen,
   - den Lieferanten an einer gemeinsamen Wertanalysesitzung teilnehmen lassen.

36. Als Möglichkeiten für eine derartige Hornorierung bzw. Anerkennung können genannt werden:

   - Lieferant erhält zusätzliche Aufträge.
   - Lieferant erhält ein Zertifikat, in dem die Leistungen des Lieferanten gewürdigt werden.
   - Das erste Angebot des Lieferanten unterliegt nicht dem Wettbewerb.
   - Man empfiehlt diesen Lieferanten weiter.
   - Die aus der Wertanalyse resultierenden Ersparnisse werden auf beide Geschäftspartner aufgeteilt.
   - Der Abnehmer ersetzt dem Lieferanten die Entwicklungskosten.
   - Lieferant erhält Prämie.

37. Gedacht werden sollte an die folgenden notwendigen Voraussetzungen für eine erfolgreiche gemeinsame Arbeit:

   - Beim Anbieter muß die Bereitschaft zur Mitarbeit bei wertanalytischen Untersuchungen vorhanden sein.
   - Der Projektpartner sollte spezielle Fachkenntnisse besitzen.
   - Er muß die Prinzipien der Wertanalyse kennen.
   - Es sollte ein aufgeschlossenes Vertrauensverhältnis zwischen Lieferant und Abnehmer bestehen: Nur dann wird der Abnehmer umfangreiche und richtige Informationen auch über sensible Bereiche erhalten können.
   - Manchmal stehen unangemessene Entfernungen zwischen den beiden Marktpartnern oder Sprachbarrieren einer gemeinsamen Projektarbeit im Wege.

38. Probleme und Schwierigkeiten der Zusammenarbeit mit dem Lieferanten können vor allem in folgenden Bereichen auftreten:

- Es besteht die Gefahr des Abflusses von Know-how und/oder von Betriebsgeheimnissen.
- Die Frage der Aufteilung der Kosten und Ersparnisse kann die partnerschaftlichen Beziehungen strapazieren.
- Die Frage der Verwertungsrechte etwaiger durch Teamarbeit gefundener schutzwürdiger Ideen kann zu Schwierigkeiten führen.
- Es besteht die Gefahr, daß der Abnehmer in die Abhängigkeit des Lieferanten gerät. Aus der wertanalytischen Zusammenarbeit mit Zulieferern resultiert häufig eine verstärkte Tendenz zum single sourcing.

Beide Projektpartner sollten, bevor sie mit der gemeinsamen Wertanalyse beginnen, Vereinbarungen beispielsweise darüber treffen,

- wie vertraulich Projektdaten und die während der Arbeit gewonnenen Erkenntnisse behandelt werden sollen.
- wie Ersparnisse und Kosten auf beide Partner aufgeteilt werden.
- in welchem Umfang eine Offenlegung der Kostendaten erfolgen soll. (Bei diesem Problem hat der Abnehmer auf die Sensibilität seines Partners in bezug auf bestimmte Kalkulationsbestandteile Rücksicht zu nehmen.)
- wie Patentrechte, die eventuell aus der Projektarbeit resultieren, behandelt werden.

Stichwortverzeichnis

GPSR Compliance
The European Union's (EU) General Product Safety Regulation (GPSR) is a set of rules that requires consumer products to be safe and our obligations to ensure this.

If you have any concerns about our products, you can contact us on

ProductSafety@springernature.com

In case Publisher is established outside the EU, the EU authorized representative is:

Springer Nature Customer Service Center GmbH
Europaplatz 3
69115 Heidelberg, Germany

www.ingramcontent.com/pod-product-compliance
Ingram Content Group UK Ltd.
Pitfield, Milton Keynes, MK11 3LW, UK
UKHW061657190726
13853UKWH00008B/2257

* 9 7 8 3 4 0 9 0 2 6 3 6 9 *